U0722018

观赏植物

世界之美编委会　编著

中国大百科全书出版社

图书在版编目（CIP）数据

观赏植物 / 世界之美编委会编著． -- 北京 ： 中国
大百科全书出版社，2025．1． --（世界之美）． -- ISBN
978-7-5202-1681-4

Ⅰ．S68-49

中国国家版本馆 CIP 数据核字第 2025Y86M42 号

总 策 划：刘 杭 郭继艳
策划编辑：张会芳
责任编辑：张会芳
责任校对：邵桃炜
责任印制：王亚青
出版发行：中国大百科全书出版社有限公司
地 址：北京市西城区阜成门北大街 17 号
邮政编码：100037
电 话：010-88390811
网 址：http://www.ecph.com.cn
印 刷：唐山富达印务有限公司
开 本：710mm×1000mm 1/16
印 张：10
字 数：100 千字
版 次：2025 年 1 月第 1 版
印 次：2025 年 1 月第 1 次印刷
书 号：ISBN 978-7-5202-1681-4
定 价：48.00 元

——— 总　序

这是一套面向大众、根植于《中国大百科全书》第三版（以下简称百科三版）的百科通俗读物。

百科全书是概要记述人类一切门类知识或某一门类知识的完备的工具书。它的主要作用是供人们随时查检需要的知识和事实资料，还具有扩大读者知识视野和帮助人们系统求知的教育作用，常被誉为"没有围墙的大学"。简而言之，它是回答问题的书，是扩展知识的书。

中国大百科全书出版社从 1978 年起，陆续编纂出版了《中国大百科全书》第一版、第二版和第三版。这是我国科学文化建设的一项重要基础性、标志性、创新性工程，是在百年未有之大变局和中华民族伟大复兴全局的大背景下，提升我国文化软实力、提高中华文化国际影响力的一项重要举措，具有重大的现实意义和深远的历史意义。

百科三版的编纂工作经国务院立项，得到国家各有关部门、全国科学文化研究机构、学术团体、高等院校的大力支持，专家、学者 5 万余人参与编纂，代表了各学科最高的专业水平。专家、作者和编辑人员殚精竭虑，按照习近平总书记的要求，努力将百科三版建设成有中国特色、有国际影响力的权威知识宝库。截至 2023 年底，百科三版通过网站（www.zgbk.com）发布了 50 余万个网络版条目，并陆续出版了一批纸质版学科卷百科全书，将中国的百科全书事业推向了一个新的高度。

重文修武，耕读传家，是我们中国人悠久的文化传承。作为出版人，我们以传播科学文化知识为己任，希望通过出版更多优秀的出版物来落实总书记的要求——推动文化繁荣、建设中华民族现代文明，努力建设中国式现代化强国。

为了更好地向大众普及科学文化知识，我们从《中国大百科全书》第三版中选取一些条目，通过"人居环境""科学通识""地球知识""工艺美术""动物百科""植物百科""渔猎文明""交通百科"等主题结集成册，精心策划了这套大众版图书。其中每一个主题包含不同数量的分册，不仅保持条目的科学性、知识性、准确性、严谨性，而且具备趣味性、可读性，语言风格和内容深度上更适合非专业读者，希望读者在领略丰富多彩的各领域知识之时，也能了解到书中展示的科学的知识体系。

衷心希望广大读者喜爱这套丛书，并敬请对书中不足之处给予批评指正！

《中国大百科全书》编辑部

"世界之美"丛书序

    美是一个哲学概念，也是人类实践作用于客观现实世界产生的结果和产物。对美的问题的哲学探讨最终不外乎三个方向或三种线索，或从人的意识、心理、精神中，或从物质的自然形式、属性中，或从人类实践活动中来寻求美的根源和本质。审美是人们在观赏具有审美价值的事物时，直接感受到的一种特殊的愉快经验。"世界之美"丛书旨在成为反映美的载体，通过《宝石》《芳香植物》《观赏植物》《观赏水族》《鸟》《名建筑》《服装》等分册，带领读者踏上一段寻美、赏美的旅程。

    《宝石》分册，让我们一起认识璀璨耀眼的宝石。从红宝石如烈焰般炽热的红色、蓝宝石深邃如海的蓝色、祖母绿清新欲滴的绿色，到黄玉温暖明亮的黄色，每一种宝石以其独特的魅力，串联起人类文明的发展脉络，彰显着人们对美好生活的向往与追求。

    《芳香植物》分册，让我们打开嗅觉，一起去寻找能使人神清气爽、精神愉悦的植物。这些植物或全株或仅某些器官组织含有芳香成分，提取加工后可用来增加美感和吸引力。

    《观赏植物》分册，我们主要从视觉层面感受形态各异的植物，从高大的乔木到低矮的灌木，从细长的藤蔓到宽大的叶片，每一种植物都有其独特的形态美；色彩上，从单一的绿色到多彩的花朵，再到变化多端的叶色，都能给人带来美的享受。

    《观赏水族》分册，让我们一起走近各种珍奇的水生生物，通过五彩斑斓的水族世界感受自然之美，唤起对生活的热爱和对生命的敬畏。

《鸟》分册，我们踏上了寻美探美之路，一起领略鸟儿如同天空中的舞者在飞翔时的姿态万千，解读鸟类充满美感的行为，聆听悠扬的鸟鸣声，从而提高对鸟类保护的意识。

《名建筑》分册，我们认识了建筑能通过造型式样、色彩装饰等直接诉诸人的感官的形式美，也普及了建筑体现的时代性、民族性、地域性文化特征，即建筑的时代精神和社会物质文化风貌。

《服装》分册，我们放眼世界，了解那些实用又美观的服装。服装美学具有时尚性、流行性，其形式构成要素是形式美，增强了人的仪表美，推动了社会美、生活美的进化。

"世界之美"丛书如同一扇扇通往不同世界的大门，让我们得以窥见这个世界的绚丽多姿与独特魅力。在阅读过程中，帮助我们感受人类文明的辉煌成就与智慧结晶；通过书中知识，帮助我们更好地理解美的形式，从而保护与珍惜已有的美，创造更多的美。让我们翻开这些书页，一起触摸、嗅闻、发现、聆听、传递美，不断地追求美。

世界之美丛书编委会

目　录

第1章　园景树　1

刺葵　1

华盛顿葵　2

南洋杉　3

紫檀　4

巨杉　7

芍药　9

牡丹　10

月季　14

丁香　15

桂花　16

梅　18

桃　21

第2章　行道树　23

银桦　23

二球悬铃木　25

王棕　27

润楠　28

美丽异木棉　29

楸树　29

流苏树　30

冷杉　31

馒头柳 32

凤凰木 32

楸树 33

灯台树 34

酒瓶椰 35

观光木 36

白千层 37

红千层 38

羊蹄甲 39

梧桐 40

秃瓣杜英 41

鹅掌楸 42

女贞 44

石栗 45

水青树 46

重阳木 47

槐 48

四照花 50

滇杨 51

面包树 52

朴树 54

枫杨 56

柠檬桉 57

铁刀木 60

乌桕 62

第 3 章　彩叶树　65

银杏 65

山杨 68

金叶女贞 69

紫叶小檗 70

枫香 71

白桦 72

香椿 73

水杉 75

榉树 78

银白杨 80

胡杨 82

变叶木 84

胡颓子 85

第 4 章　庭荫树　87

梓树 87

合欢 88

三角枫 89

榕树 90

杜松 92

红毛丹 93

楝 95

黄连木 96

杜仲 98

红豆杉 100

山茱萸 103

肉桂 104

月桂 106

厚朴 107

柳杉 109

台湾相思 112

杧果 114

广玉兰 120

榆叶梅 121

樱花 122

第5章 草本花卉 125

非洲菊 125

秋英 126

金光菊 127

矢车菊 127

宿根天人菊 128

百日菊 129

大丽花 130

满天星 132

仙客来 133

风信子 134

紫罗兰 135

含羞草 136

石蒜 137

马蹄莲 139

鸢尾 139

萱草 141

千日红 142

百日草 143

兰花 145

蝴蝶兰 147

多肉植物 148

第 **1** 章

园景树

刺 葵

刺葵是棕榈科刺葵属植物。刺葵产于中国台湾、广东、海南、广西和云南等地。刺葵生长于海拔 800 ～ 1500 米的阔叶林或针阔混交林中。

刺葵茎丛生或单生，高 2 ～ 5 米。刺葵叶长达 2 米，羽片线形。刺葵雌花序分枝短而粗壮，雄花近白色，花瓣圆形。刺葵果实长圆形，长 1.5 ～ 2 厘米，成熟时紫黑色，基部具宿存的杯状花萼。刺葵花期在 4 ～ 5 月，果期在 6 ～ 10 月。

刺葵

刺葵采用播种繁殖，可用普通沙床播种；丛生植株也可分株繁殖。刺葵喜光，耐水湿，耐旱。

刺葵树形美丽、抗盐碱、抗风、耐水湿、耐旱、生长缓、果序生长慢，是热带、亚热带地区海岸绿化的优良树种，也可作为庭园绿化植物、行道树、园景树；可对植、丛植或群植。果可食，嫩芽可作蔬菜，叶可作扫帚。

华盛顿葵

华盛顿葵是棕榈科丝葵属植物。又称老人葵、裙棕、丝葵。华盛顿

华盛顿葵

葵原产于美国加利福尼亚州和亚利桑那州。华盛顿葵在中国北至山东、南至海南岛均有栽培，是一种极受欢迎的园林绿化树种。因华盛顿葵叶片边缘有许多白色丝状纤维，似老翁白发，干枯的叶子下垂，覆盖于茎干上，又似裙子，所以常被称为老人葵或裙棕。

华盛顿葵茎单生，高可达 18 ～ 20 米，径粗可达 1 米，基部稍膨大，茎上覆盖有粗毛，茎表面有纵裂纹或皱纹。华盛顿葵掌状叶，径 1.8 米以上，枯叶下垂盖于茎干上；幼叶剑状，成长后稍下弯，边缘、顶部有许多长的丝状物；叶柄边缘有扁的棕红色锯齿，齿的基部常延长，齿与齿之间连接。华盛顿葵雌雄同株。花序腋生，长 2.5 ～ 3.5 米。果椭圆形，长 0.6 ～ 1 厘米，成熟时为黑色。华盛顿葵种子卵形稍扁，长 0.5 ～ 0.9 厘米，褐色。

华盛顿葵性喜温暖、湿润、光照充足的环境，生长适温为 20 ～ 28℃，对土壤要求不高，较耐寒、耐旱，抗风，不耐水浸，成年植株能耐 -8℃ 的低温。常见华盛顿葵病害有疫霉病、心腐病、枯萎病，害虫

有象甲、椰心叶甲、白蚁。

　　华盛顿葵树冠优美，树干粗壮，四季常青，是热带、亚热带地区重要绿化树种。华盛顿葵宜栽于海滩，也宜孤植于庭院、列植于大型建筑物前及道路两旁。中国引种栽培华盛顿葵作行道树和园景树。

南洋杉

　　南洋杉是南洋杉科南洋杉属乔木。南洋杉原产于南美、澳大利亚及太平洋群岛、大洋洲东南沿海地区，在中国广东、福建、海南、云南、广西等地均有栽培。

　　南洋杉在原产地高达60～70米，胸径达1米以上。南洋杉树皮灰褐色或暗灰色，粗，横裂。大枝平展或斜伸，幼树冠尖塔形，老树则成平顶状，侧生小枝密

南洋杉

生、下垂，近羽状排列。南洋杉叶二型，幼树和侧枝的叶排列疏松，开展、锥状、针状、镰状或三角状，长7～17毫米，基部宽约2.5毫米，微弯，微具四棱或上（腹）面的棱脊不明显，上面有多数气孔线，下面气孔线不整齐或近于无气孔线，上部渐窄，先端具渐尖或微急尖的尖头。南洋杉大枝及花果枝上的叶排列紧密而叠盖，斜上伸展，微向上弯，卵形、三角状卵形或三角状，无明显的脊背或下面有纵脊，长6～10毫米。南洋杉雄球花单生枝顶，圆柱形。球果卵形或椭圆形，长6～10厘米，

径 4.5～7.5 厘米；苞鳞楔状倒卵形，两侧具薄翅，先端宽厚，具锐脊，中央有急尖的长尾状尖头，尖头显著向后反曲。

南洋杉喜光，幼苗喜阴，喜暖湿气候，不耐干旱与寒冷。喜土壤肥沃，生长较快，萌蘖力强，抗风性强。南洋杉冬季需充足阳光，夏季避免强光暴晒，不耐北方春季干燥的狂风和盛夏的烈日，在气温 25～30℃、相对湿度 70% 以上的环境条件下生长最佳。南洋杉盆栽要求疏松肥沃、腐殖质含量较高、排水透气性强的培养土。常采用扦插法繁殖；播种法繁殖因种皮坚实、发芽率低，故种前最好先破种皮，以促使其发芽。

南洋杉树形高大，呈尖塔形，枝叶茂盛，姿态优美，为世界著名庭园树之一，和雪松、日本金松、北美红杉、金钱松一起被称为世界五大公园树种。南洋杉宜独植作为园景树或纪念树，亦可作行道树。宜选择无强风地点种植，以免树冠偏斜。南洋杉是珍贵的室内盆栽装饰树种，幼苗盆栽适用于一般家庭客厅、走廊、书房的点缀及作为圣诞树；也可用于布置各种形式的会场、展览厅；还可作为馈赠亲朋好友开业、乔迁之喜的礼物。同时，南洋杉材质优良，是澳大利亚及南非重要的用材树种，可供建筑、器具、家具等使用。

紫　檀

紫檀是豆科紫檀属树种的总称。世界上有紫檀属树种 20 多种，主要分布于亚洲热带和非洲地区。已引入中国的紫檀有 7 种，包括檀香紫檀、大果紫檀、印度紫檀、马拉巴紫檀、刺紫檀、加纳紫檀和小叶紫檀。

其中，檀香紫檀材质最好，在中国有少量栽培；其次是大果紫檀，在红木家具中最普遍；印度紫檀在华南是很好的遮阴树。

◆ **檀香紫檀**

檀香紫檀木材名小叶紫檀，蝶形花科乔木，树干通直，高达 25 米，胸径可大于 50 厘米。檀香紫檀是典型的热带植物，喜光照，耐干热气候，不耐阴。檀香紫檀原产印度，在中国海南、云南、台湾、广东及福建沿海有少量引种栽培。低温是其发展最主要的限制因子。檀香紫檀心材紫红黑色或紫红色，具斑纹、硬重。檀香紫檀气干密度 1.109 克 / 厘米^3。檀香紫檀抗白蚁和其他虫害，通常无须防腐处理。檀香紫檀心材是其最有价值的部分；木材被誉为紫檀之精品，是世界最贵重木料之一。在中国国标红木 5 属 8 类 33 种中，檀香紫檀是紫檀木类唯一的代表。优质的檀香紫檀以往为明清宫廷用材，是地位的象征。檀香紫檀木材用于高级家具、乐器、雕刻、工艺品等。

◆ **大果紫檀**

大果紫檀木材名缅甸花梨，大乔木，树高可达 40 米，胸径达 1 米，树皮浅褐色，老时深褐色，粗糙，纵裂呈小片状。大果紫檀喜光，喜温暖、湿润的热带气候，不耐阴，不耐寒，在年均温 23 ～ 25℃，年降水量 1400 ～ 2000 毫米地区生长表现良好；干形圆满通直，分叉少，优势木枝下高可达 8 ～ 10 米，是一个理想的珍贵用材树种。大果紫檀天然分布于泰国北部及缅甸，老挝、柬埔寨、越南有少量分布；主要分布在北纬 11° ～ 22.5°，海拔 100 ～ 800 米的季节性热带雨林和季雨林中；多散生，多数成为林分上层的优势树种。大果紫檀在中国热带地区适生，可推广至北回归线以南无霜冻地区。大果紫檀木材品质、硬度和稳定性较好，属正宗红木，在国际木材市场上颇具知名度；属于紫檀属花梨木类，边材近白色，心材橘红、砖红或红褐色，花纹明显，材质致密硬重，不裂不翘，且散发芳香经久不衰，结构细，纹理交错，气干密度 $0.80 \sim 0.86$ 克/厘米^3。大果紫檀木材是制作高级红木家具、工艺品、乐器和雕刻、美工装饰的上等材料。

◆ 印度紫檀

印度紫檀为落叶或半落叶乔木，树高 30 米以上，胸径可达 1.5 米，幼树树皮光滑、浅灰、长大后变粗糙、浅褐色至黑褐色，树干通直而下滑，多分枝，萌芽力强。印度紫檀原产印度、缅甸、菲律宾、巴布亚新几内亚、马来西亚、印度尼西亚的海拔 800 米以下低山和平地，20 世纪初引入中国。印度紫檀树性强健，成长快速，绿荫遮天，为园景树、行道树之合适树种。中国广东、广西、海南及云南有引种栽培。印度紫檀木材心材和边材过渡明显，边材近白色或浅黄色，心材红褐、深红褐或金黄色，常带深浅相间的深色条纹，结构细，纹理斜至略交错，易加工，新切面具光泽和香气，表面磨光后十分光亮。印度紫檀木材通常用作高级家具用材，也有用于室内装饰，或雕刻工艺品、高级乐器部件等。

紫檀属树种以培育实生苗植苗造林为主，辅以嫁接、扦插和组培育苗。造林密度通常采用 3 米 ×4 米或 3 米 ×3 米，培育长周期的大径材可采用 4 米 ×5 米，交通方便的林地可采用 2 米 ×3 米，6 ～ 8 年后移植走一半树木，或间伐弱小树木。苗木质量、整地、施肥、抚育、病虫害防治是促进幼林生长提高产量的有效措施。

巨 杉

巨杉是裸子植物门柏目柏科巨杉属唯一种。

◆ 地理分布

巨杉分布于美国加利福尼亚州内华达山脉西部长约 420 千米、海拔 1400 ～ 2150 米的狭小范围内。除少数群体分布于优胜美地国家公园及以北之地区外，巨杉大多数分布于美洲杉与国王峡谷国家公园及其邻近区域。中国杭州有引种栽培。

◆ 形态特征

巨杉为常绿巨乔木，高可超过 90 米，胸径达 11 米，是地球上最庞大且尚存活着的生物。巨杉树冠圆锥形，幼时单轴，成年后稍圆；树皮褐色，海绵状，深纵裂，厚达 60 厘米。巨杉冬芽小，无芽鳞。小枝初现绿色，后变淡褐色。巨杉叶鳞状钻形，螺旋状排列，下部贴生小枝，上部分离，分离部分长 3 ～ 6 毫米，先端锐尖，两面有气孔。巨杉雌雄同株。雄球花近球形至卵形，长 4 ～ 8 毫米，球果椭圆形，长 4 ～ 9 厘米，种鳞盾形，高约 2.5 厘米，上部宽 0.6 ～ 1 厘米，顶部有凹槽，幼时中央有刺尖。巨杉球果次年成熟。种子淡褐色，长 3 ～ 6 毫米，两侧有翅。巨杉子叶 4（3 ～ 5）。

巨杉植株

巨杉与北美红杉属植物相似，但北美红杉属冬芽裸露，叶鳞状钻形，辐射伸展，不排成两列；球果两年成熟，种鳞数目较多（25～45），胚有4（3～5）枚子叶，可作为鉴别特征。

◆ **分类系统**

巨杉形态和分子系统学证据均支持巨杉与产于中国的水杉属和同产于美国加利福尼亚州的北美红杉属亲缘关系最近。

◆ **濒危等级**

巨杉已被世界自然保护联盟（International Union for Conservation of Nature; IUCN）列为濒危（EN）等级物种。

◆ **特性**

巨杉是世界上体积最大、寿命最长的树。最大的巨杉生长在美国加利福尼亚州巨杉与国王谷国家公园里，被称为"谢尔曼将军"，树高83米，树围31米，20个人手拉手才能合抱住，年龄大约有3500多岁。位居第二的叫"格兰特将军"，第三名是"蒲尔"，第四名是"哈特"。第五名是优胜美地国家公园的一株巨杉，其准确年龄是2700岁，虽已属高龄，但仍能结球，产籽。科学家们研究认为，巨杉长得如此巨大而又长寿的原因有：①根系发达。②树皮很厚。③地理环境优越。④抗灾能力突出，不怕烧，不易引起森林火灾。⑤人为保护好。1864年，林肯总统宣布巨杉所在地为国有禁伐区。

◆ **发现和命名**

巨杉在北美当地印第安部落中非常有名，土著们称之为"wawona""toos-pung-ish"或"hea-mi-withi"。在欧洲，巨杉第一次被提及是在 1833 年探险家 J.K. 伦纳德的日记中。第二个看到巨杉的欧洲人是 J.M. 伍斯特。1852 年，A.T. 多德使得公众对巨杉更加了解，他发现的巨杉被命名为"发现树"，但是在 1853 年被砍伐。

巨杉的命名过程非常坎坷，中间经历了约 80 年。1853 年英国植物学家 J. 林德利首次将巨杉命名为 *Wellingtonia gigantea*，但是这个名字无效，因为 *Wellingtonia* 已经被使用过了（清风藤科的一个属即叫这个名字）。1854 年，法国植物学家 J. 德凯纳又将巨杉命名为 *Sequoia gigantea*，但此属名已经是北美红杉的拉丁学名，仍然无效。温斯洛于同年还将其命名为 *Washingtonia californica*，但 *Washingtonia* 已经是棕榈科的一个属名，故而仍然无效。1907 年，C.E.O. 孔茨将之置入一个化石属 *Steinhauera*，但是因为无法确认巨杉与化石属的亲缘关系，导致该属名仍然无效。直至 1939 年，J. 布克霍尔斯指出巨杉和北美红杉属于不同的属，将之命名为 *Sequoiadendron giganteum*，巨杉的拉丁学名这才确定下来。

◆ **经济意义**

巨杉是枕木、电线杆和建筑上的良好材料，其木材不易着火，有防火的作用。巨杉为世界著名的树种之一，雄伟壮观，浓荫蔽日，可作为园景树。

芍 药

芍药是芍药科芍药属多年生草本植物。芍药又称将离、殿春。

芍药肉质根粗壮。芍药茎丛生，高 40 ～ 120 厘米。芍药下部茎生叶为二回三出复叶，上部茎生叶为三出复叶，顶梢处为单叶，小叶狭卵形，椭圆形或披针形。芍药花数朵，着生茎顶或叶腋，直径8.0～11.5厘米；苞片4～5，披针形，大小不等；萼片4，宽卵形或近圆形；花瓣倒卵形，白色，有时基部具深紫色斑块；花丝黄色，花盘浅杯状，包裹心皮基部，顶端裂片钝圆；心皮4～5（～2），无毛。芍药蓇葖长2.5～3.0厘米，直径1.2～1.5厘米，顶端具喙。芍药花期在5～6月，果期在8月。

芍药

芍药喜光，耐半阴。喜空气湿润，忌夏季炎热。还喜土层深厚、排水良好、中性或微酸性的壤土或砂壤土，忌盐碱及低洼地。芍药常用分株法繁殖，一般在秋季进行。播种法繁殖多用于育种或培养根砧。

芍药花大色美，常与牡丹配合做成专类花园，也适用于花坛、花境、公园、庭园、绿地种植，或作切花插瓶观赏。芍药根可入药，其加工品称白芍或赤芍。

牡　丹

牡丹是芍药科芍药属落叶灌木。又称鼠姑、鹿韭、白茸、木芍药、百雨金、洛阳花、富贵花。

牡丹是中国十大传统名花之一，花朵色泽艳丽、富丽堂皇，素有

"花中之王"的美誉。牡丹包括 9 个种及变种，分别为矮牡丹、卵叶牡丹、紫斑牡丹、杨山牡丹、四川牡丹、狭叶牡丹、紫牡丹、黄牡丹、大花黄牡丹。

牡丹

牡丹原产于中国。早在秦汉时期，《神农本草经》就已有关于牡丹根皮入药的文字记录。隋代开始有观赏牡丹品种的记录。唐代牡丹为皇宫珍品。唐代刘禹锡有诗曰："庭前芍药妖无格，池上芙蕖净少情。唯有牡丹真国色，花开时节动京城。"在两宋时期达到鼎盛。北宋时，牡丹栽植中心自长安移至洛阳，号称"洛阳牡丹甲天下"。明代时，牡丹栽植中心从洛阳移至直隶亳州（今属安徽）。约在明嘉靖、万历年间，牡丹栽植中心移至山东曹州（今菏泽）。

海外牡丹园艺品种最初均引自中国。早在 724 ~ 749 年，中国牡丹传入日本。1330 ~ 1850 年法国对引进的中国牡丹进行大量繁育，培育出许多园艺品种。1656 年，荷兰和东印度公司将中国牡丹引入荷兰。1789 年英国引进中国牡丹，从而使中国牡丹在欧洲传播开来，园艺品种达 100 多个。美国于 1820 ~ 1830 年从中国引进中国牡丹品种和野生种，使牡丹成为世界名花。中国山东农业大学喻衡所著《牡丹花》中写道："牡丹在国外也用于庭园栽植，植株高度可达 2 米，花径达 20 ~ 30 厘米，每到暮春时节，花朵盛开，硕大无比，清香四溢，冠居群芳，虽远离故国，也大有一副'花王'的气派。"

中国牡丹资源特别丰富。根据全国牡丹争评国花办公室专组人员调查，中国滇、黔、川、藏、新、青、甘、宁、陕、桂、湘、粤、晋、豫、鲁、闽、皖、赣、苏、浙、沪、冀、内蒙古、京、津、黑、辽、吉、琼、港、台等地均有牡丹种植。

◆ 形态和类型

牡丹茎高达2米，分枝短而粗。叶通常为二回三出复叶，偶尔近枝顶的叶为3小叶。牡丹顶生小叶宽卵形，3裂至中部，裂片不裂或2～3浅裂，表面绿色，无毛，背面淡绿色，有时具白粉。牡丹花单生枝顶，直径10～17厘米；花瓣5，或为重瓣，玫瑰色、红紫色、粉红色至白色，通常变异很大，倒卵形，顶端呈不规则波状；雄蕊长1～1.7厘米，花丝紫红色、粉红色，上部白色；花盘革质，杯状，紫红色，顶端有数个锐齿或裂片。牡丹蓇葖长圆形，密生黄褐色硬毛。牡丹花期在5月，果期在6月。

牡丹经长期栽培选育品种众多，已形成中原品种群、西北品种群、江南品种群、西南品种群等四大品种群，在花色上培育出红、粉、白、黄、紫、黑、绿、蓝、复色等九大色系，按花期分为早花、中花、晚花品种。近代中国的分类系统根据雄蕊、雌蕊的瓣化，将牡丹分为2类4亚类16型：①单花类分为千层亚类和楼子亚类2亚类。千层亚类分为单瓣型、荷花型、菊花型和蔷薇型4型，楼子亚类分为金蕊型、托桂型、金环型、皇冠型和绣球型5型。②台阁花类分为千层台阁亚类和楼子台阁亚类2亚类。千层台阁亚类分为荷花台阁型、菊花台阁型和蔷薇台阁型 3 型，楼子台阁亚类分为托桂台阁型、金环台阁型、皇冠台阁型和绣球台阁型 4 型。

◆ **繁殖和栽培**

牡丹繁殖方法有分株、嫁接、播种等，但以分株及嫁接居多，播种方法多用于培育新品种。牡丹喜温暖、凉爽、干燥、阳光充足的环境。喜阳光，也耐半阴，耐寒，耐干旱，耐弱碱，忌积水，怕热，怕烈日直射。牡丹适宜在疏松、深厚、肥沃、地势高燥、排水良好的中性砂壤土中生长，在酸性或黏重土壤中生长不良。牡丹主要病害有叶斑病、紫纹羽病等，可用杀菌剂防治。

◆ **用途**

牡丹药用栽培者品种单调，花多为白色。牡丹以根皮入药，称牡丹皮，又称丹皮、粉丹皮、刮丹皮等，是常用凉血祛瘀中药。牡丹籽可榨油，含有营养成分 α- 亚麻酸，已规模化生产并投入市场。牡丹花具有养颜美容、散郁祛瘀的功效，花瓣提取物已广泛应用于化妆品行业。牡丹花瓣及花蕊中还含有大量的花青素、氨基酸、蛋白质、多糖、黄酮及维生素等，以及其他有益的活性物质，可制成牡丹花蕊茶或牡丹花茶，已通过国家质量检测并投入市场，获得广泛好评。

牡丹雍容华贵，花大叶茂，适于庭院种植或花坛布置，可丛栽也可孤植或盆栽。中国山东菏泽、河南洛阳均以牡丹为市花。菏泽牡丹园、百花园、古今园及洛阳王城公园、牡丹公园和植物园均有牡丹专类园，于每年 4 月举行牡丹花会。

月　季

月季是蔷薇科蔷薇属落叶灌木或藤本植物。又称现代月季。月季是通过蔷薇属内种间杂交和长期选育而形成的杂交品种群。蔷薇属全世界约 200 种。中国有 95 种，是世界蔷薇属的分布中心，具有悠久的栽培历史。中国是月季花

月季

（月月红）、香水月季、巨花蔷薇、野蔷薇、玫瑰、光叶蔷薇及其变种的故乡。这些种质是月季的重要亲本资源。

中国在汉武帝时宫廷花园中就盛栽蔷薇植物。月季花于北宋始见记载，并出现很多形色各异的品种，至明代栽培则更为普遍，品种更多。清代时，中国月季、蔷薇类型与品种数量之多已居世界前列。18 世纪末至 19 世纪初，中国月季、蔷薇的多种珍贵品种传入欧洲，经反复杂交，在 1867 年育成第一个杂种香水月季品种，并创造了现代月季的一个新系统，其优点主要是花大丰满、四季开花、重瓣、花色丰富、具芳香等。这一系统至今仍是现代月季的主体，名优品种很多。之后又培育出聚花月季、壮花月季等多个现代月季新系统。

月季茎有皮刺，叶为奇数羽状复叶，小叶常 3 ～ 9 片。月季花单生或几朵集生成伞房花序或复伞房花序，单瓣、半重瓣或重瓣，花直径从

小到大，花色丰富多样，有些品种具有香味。月季花瓣形状丰富，花型多样，具多季开花性。月季花托老熟即变为肉质的浆果状假果，称为蔷薇果，果内包含有多数瘦果。

月季喜阳光，喜肥，较耐旱，最忌积水，宜栽于背风向阳且空气流通的环境。较耐寒，能忍受 −15 ～ −10℃ 的低温，最适生长温度为 15 ～ 25℃。月季喜富含有机质、通气良好、pH 为 6.5 ～ 6.8 的微酸性土壤。月季生长期的相对湿度以 75% ～ 80% 为宜。常用扦插或嫁接法繁殖，培育新品种时采用播种法繁殖。

在园艺应用方面，月季分为藤本月季、大花庭园月季、丰花月季等。月季形姿俱佳，四季开花不绝，花色丰富，花香浓郁，可种植于花坛、花境或草坪边缘，或作常绿树的前景，也常按类型、品种布置成月季园。攀缘月季可作棚架、篱笆、拱门、墙垣的装饰材料。盆栽月季及切花月季可用于室内装饰等。此外，月季花可入药，有些品种的花可食用、茶用，还可提取香精。

丁　香

丁香是木樨科丁香属落叶灌木或小乔木的统称。丁香全属约 20 种，中国产 16 种，以秦岭及西南地区所产种类较多。野生种多分布在山地，栽培地区则主要在北方各省。丁香是中国传统庭园花木，有关丁香花较早的文字记载见于唐代诗词。因花筒细长如钉且花芳香而得名。

丁香植株高 2 ～ 8 米，叶对生，全缘或有时具裂，罕为羽状复叶。丁香花两性，呈顶生或侧生的圆锥花序，花色紫、淡紫或蓝紫，偶见白

丁香

色。丁香花冠细漏斗状，具深浅不同的4裂片。蒴果长椭圆形，室间开裂。

丁香喜充足阳光，也耐半阴。丁香适应性较强，耐寒、耐旱、耐瘠薄，病虫害较少。以排水良好、疏松的中性土壤为宜，忌酸性土，忌渍涝、湿热。丁香对氟化氢有较强的抗性，对煤气和其他有害气体也有一定的抵抗力。丁香以播种、扦插法繁殖为主，也可用嫁接、压条和分株法繁殖。

丁香为冷凉地区普遍栽培的花木，花序硕大、开花繁茂、花淡雅芳香，习性强健，栽培简易，适于种在庭园、居住区、医院、学校等园林绿地及风景区。丁香可孤植、丛植或在路边、草坪、角隅、林缘成片栽植，也可与其他乔灌木尤其是常绿树种配植，个别种类可作花篱。亦可盆栽、做盆景或做切花。

桂　花

桂花是木樨科木樨属常绿灌木或乔木。又称木樨、岩桂、九里香等。桂花是中国特有树种。因其叶脉形如"圭"而得名。

桂花原产于中国西南、中南地区，今湖北咸宁等地尚有野生桂花林。桂花在中国长江流域广泛分布。春秋时期，古人已用桂花酿酒；汉初上林苑中栽植有桂花；明代衡山神祠前的山路和夹道皆松、桂相间，长达 20 千米，蔚为壮观。
桂花于 18 世纪从中国传
至欧洲。

◆ **形态和种类**

桂花树高可达 20 米。
自然株形随树龄增长而有
不同变化，从椭圆到圆球

桂花

形，最后成扁圆形。桂花叶对生、革质，椭圆形至椭圆状披针形，全缘
或上半部疏生锯齿。叶腋间芽叠生，上层芽常分化为花芽。桂花花小，
簇生于叶腋，淡黄、乳白或橙红色，极芳香。核果椭圆形，熟时灰蓝色，
含种子 1 粒。

桂花主要变种有：①金桂。花黄色至深黄色，香味浓或极浓。②银
桂。花近白色，香味浓或极浓。③丹桂。花橙色、橘红至浅橙，香味常
较淡。④四季桂。植株较矮且萌蘖较多，花香不及上述品种浓郁，但每
年花开数次或连续不断。

◆ **生长习性**

桂花性喜光，喜温暖通风环境，能耐高温，成年植株有一定耐寒
力。要求排水良好、富含腐殖质的砂壤土。桂花喜肥，忌积水和黏重土
壤，怕煤烟。桂花采用压条、扦插、嫁接或播种法繁殖均可，常用嫁接
法繁殖。

◆ **用途**

桂花树形圆整，四季常青，开花时正值中秋季节，香气四溢，沁人

心脾，是中国传统园林花木。桂花可孤植、对植、列植、丛栽或成片种植，在中国淮河以北地区多作盆栽。桂花的花朵是食品和轻工原料，枝、叶、花可入药。桂花树木质坚实细密，是雕刻良材。

梅

梅是蔷薇科李亚科杏属一种落叶乔木。又称春梅、干枝梅、红绿梅。古名枏、柟。"梅"古字作"槑"，原字为木上有果的象形。梅花可观赏，果实可食用，常称果梅。

◆ 历史

梅作为观赏植物，在中国已有 2000 年以上的栽培历史；作为果树，则有 3000 年以上的栽培和 7000 年以上的加工应用历史。古代种植梅由生产果梅开始，《尚书·说命》中有"若作和羹，尔惟盐梅"的记载，可知古人用梅做调味品等。在商代中叶已采梅食用。梅作为观赏植物源于汉初，初盛于南北朝，

梅树

兴盛于宋、元。宋代范成大著《梅谱》（1186）为世界第一部梅花专著。约 710～784 年，梅首次传至日本。1878 年输入欧洲。1908 年有 15 个观赏型梅（即梅花）品种由日本传到美国。20 世纪，日本、朝鲜半岛等地艺梅仍较盛。梅在欧美栽培甚少。约自 20 世纪 70 年代起，梅花开始在新西兰等少数国家作为鲜切花而受到重视。

◆ **分布**

梅为中国特产的传统名花、名果。中国台湾、浙江、安徽、江西、江苏、福建、广东、广西、湖南、湖北、四川、云南、西藏、贵州、陕西等地均有野生，而以四川、云南、西藏为其分布中心。梅露地栽培分布于东至中国台湾台北，西起云南丽江，南达海南海口，北抵黑龙江大庆、新疆喀什等广大地区，其中台北、武汉、南京、无锡、杭州、青岛等城市多为著名的赏梅胜地。

◆ **形态特征**

梅树高可达 10 米，最大冠幅约 12 米。树冠常呈不规则球形或倒卵形。梅树干皮褐紫色，老干苍劲可观，小枝常为绿色且无毛。叶广卵形至卵形，边缘具细锐锯齿，先端长渐尖至尾尖。梅的花先叶而放，1～2 朵，多着生于一二年生枝上。核果近球形，侧面略扁，黄色或绿色，密被短柔毛，果肉黏核，梅核（内果皮）表面具蜂窝状小凹点，种子 1 粒。

◆ **品种分类**

梅的变种与变型甚多，观赏型梅花或食用型果梅都有很多品种。梅的观赏品种至今已逾 480 个，中国花卉专家陈俊愉按照"二元分类法"将观赏梅的品种分为 3 系 5 类 16 型：①真梅系。梅之嫡系。花、果、枝、叶均较典型，又分直枝梅类、垂枝梅类和龙游梅类，共 3 类 12 型。②杏梅系。梅与杏的种间杂种，种性介乎两者之间，而枝、叶较似杏，花型也类杏，花托肿大，花期甚晚，单瓣至重瓣，无香味或微香，抗寒性较强。该系下只有杏梅类，又分为单杏型、丰后型和送春型。③樱李梅系。梅与紫叶李的种间杂种，种性介乎两者之间，而枝、叶较似紫叶李，花型也类紫叶李，花梗长，花中心颜色较深，花期最晚，复瓣至重瓣，无香味，抗寒性较强。该系下只有樱李梅类美人梅型。

◆ **栽培繁殖**

梅喜温暖稍潮湿气候，要求阳光充足、排水良好的条件。较耐寒、耐旱和耐瘠薄，对土壤要求不严，但以疏松深厚肥沃的微酸性土壤最佳。梅性畏涝。实生苗一般 2～4 年始花，七八年花、果渐盛。嫁接苗、扦插苗则一二年即始花。梅树龄可达数百年甚至千年以上。以嫁接法繁殖为主，扦插、压条法繁殖次之，播种法繁殖仅在培养砧木或育种时应用。梅主要虫害有天牛类、梅毛虫、杏球蚧、刺蛾等，主要病害有白粉病、炭疽病等。多用杀虫剂、杀菌剂防治。

◆ **文化价值及用途**

梅的树姿苍劲传神，花形端雅，花色丰富而动人，花香沁人肺腑，可谓神、姿、形、色、香俱美，为中国传统名花中的佼佼者。梅花傲雪迎霜的意象正是梅花的风骨，代表着中华民族传统的坚韧不拔和坚贞勇敢的精神。梅与松、竹相配，称"岁寒三友"，梅、兰、竹、菊合称"四君子"。宜植于庭院、草坪、低山、居住区、风景区等处，孤植、丛栽或大片群植形成梅林、梅岭均可。梅也适于盆栽或作盆景，亦是插瓶等花卉装饰的好材料。果实味酸而爽口，可加工食用，还可入药。梅树木材坚韧，也是雕刻及制作算盘珠的良材。

桃

桃是蔷薇科李属落叶小乔木。桃原产于中国，各省区广泛栽培。桃在世界各地均有栽植，花可观赏。

桃树高 3 ～ 8 米，树冠宽广而平展。树皮暗红褐色，老时粗糙呈鳞片状。小枝细长，无毛，有光泽，绿色，向阳处转变成红色，皮孔较多。冬芽圆锥形，顶端钝，外被短柔毛，常 2 ～ 3 个簇生，中间为叶芽，两侧为花芽。叶片长圆披针形、椭圆披针形或倒卵状披针形，长 7 ～ 15 厘米，宽 2 ～ 3.5 厘米，先端渐尖，基部宽楔形，上面

桃

无毛，下面在脉腋间具少数短柔毛或无毛，叶边具细锯齿或粗锯齿，齿端具腺体或无腺体。叶柄粗壮，长 1 ～ 2 厘米，常具 1 至数枚腺体，有时无腺体。桃花单生，先于叶开放，直径 2.5 ～ 3.5 厘米；花梗极短或几无梗；萼筒钟形，被短柔毛，绿色而具红色斑点；萼片卵形至长圆形，顶端圆钝，外被短柔毛；花瓣长圆状椭圆形至宽倒卵形，粉红色，罕为白色；雄蕊 20 ～ 30，花药绯红色；花柱几与雄蕊等长或稍短；子房被短柔毛。果实形状和大小均有变异，卵形、宽椭圆形或扁圆形，直径 3 ～ 12 厘米，长几与宽相等，色泽变化由淡绿白色至橙黄色，常在向阳面具红晕，外面密被短柔毛，稀无毛，腹缝明显，果梗短而深入果洼。

果肉白色、浅绿白色、黄色、橙黄色或红色，多汁有香味，甜或酸甜。核大，离核或黏核，椭圆形或近圆形，两侧扁平，顶端渐尖，表面具纵、横沟纹和孔穴。种仁味苦，稀味甜。桃花期在 3 ～ 4 月，果实成熟期因品种而异，通常为 6 ～ 9 月。

桃可通过播种、嫁接法繁殖。桃喜光、喜温暖，喜肥沃而排水良好的土壤，不耐水涝。

第 2 章

行道树

银　桦

银桦（*Grevillea robusta*）是山龙眼科银桦属一种，为热带、亚热带地区优良的行道树或风景树。

◆ **名称来源**

银桦由英国植物学家 R. 布朗（Robert Brown，1773 ～ 1858）于 1830 年替代澳大利亚植物学家 A. 坎宁安（Allan Cunningham，1791 ～ 1839）发表。种加词 *robusta* 意为强壮有力的。

◆ **分布范围**

银桦原产于澳大利亚东部，全世界热带、亚热带地区均有栽种。银桦在中国云南、四川西南部、广西、广东、福建、江西南部、浙江、台湾等地区的城镇栽培作行道树或风景树。

◆ **形态特征**

银桦为常绿乔木，高可达 25 米。树皮暗灰色或暗褐色，嫩枝被锈色绒毛。叶 2 回羽状深裂，裂片 7 ～ 15 对，披针形，上面秃净或被稀疏绢毛，下面密被银灰色丝毛，边缘背卷。银桦总状花序单生或数个集成圆锥花序，花呈橙黄色，花被管细长，上半部弯曲，顶部近球形，雄蕊 4 枚，着生于花被片檐部，花丝几无，花柱通常细长，自花被管裂缝伸出，柱头常偏于一侧，盘状或有时锥状。银桦蓇葖果木质，常偏斜。顶端宿存花柱。种子周围有膜质的翅。

银桦

◆ 生长习性

银桦喜光，喜温暖湿润气候，根系发达，较耐旱。不耐寒，遇重霜和 -4℃ 以下低温，枝条易受冻。银桦对土壤要求不严，在肥沃、疏松、排水良好的微酸性砂壤土上生长良好，但在质地黏重、排水不良偏碱性土中生长不良；较耐干旱和水湿，根系发达，生长快。银桦耐烟尘和有毒气体，少病虫害。

◆ 培育技术

银桦一般采用播种法繁殖。种子成熟后采下即播，发芽率达 70% 以上，若到次年春播则发芽率大大降低。1 年生银桦苗高 30 ～ 40 厘米，3 年生银桦苗高 2 米以上。银桦幼苗期间，冬季要注意防寒。移植以 7、8 月份雨季为宜，需带土球，并适当疏枝、去叶，减少蒸发，以利成活。

银桦直播造林或植苗造林均可。直播造林以秋季为主，即秋季种子成熟时随采随播，选择杂草较少且土壤较湿润的地方撒播，一般可不必覆土。植苗造林以春季为主。春季育苗时，种子需用温水（35℃ 左右）

浸种，播后注意除草松土、灌水、遮阴，当年苗高 40～50 厘米时可出圃造林。银桦造林地宜选择在火烧迹地、小块皆伐迹地、林缘坡地或林中空地。造林后 1～3 年内每年抚育 1～2 次，几年后即可郁闭成林。

◆ 系统位置

按照美国植物学家 A. 克朗奎斯特（A.Cronquist，1919～1992）提出的克朗奎斯特系统分类，山龙眼科属于蔷薇亚纲山龙眼目。按 APG-IV（Angiosperm Phylogeny Group IV）分类系统（由被子植物系统发育研究组建立的被子植物分类系统第四版），银桦属于蔷薇亚纲山龙眼目山龙眼科银桦亚科。

◆ 主要用途

银桦树干通直，树冠高大整齐，花色橙黄，叶形奇特，是南亚热带优良行道树。银桦木材粗糙而坚硬，色淡红，纹理美观，耐腐朽，易加工，可供建筑、家具、车辆、雕刻等用。

二球悬铃木

二球悬铃木是悬铃木科悬铃木属植物，为三球悬铃木与一球悬铃木的杂交种，因躯干高大，树荫浓密而闻名。二球悬铃木为广泛栽植的绿化树种。

◆ 分布

二球悬铃木原产于欧洲，现广植于全世界。

◆ 形态特征

二球悬铃木为落叶大乔木，高可达 35 米，枝条开展，树冠广阔；

树皮灰绿色，不规则剥落，剥落后呈粉绿色，光滑。二球悬铃木叶轮廓五角形，长 9～15 厘米，宽 9～17 厘米，3～5 裂近中部，裂片边缘疏生牙齿，幼时密生星状短柔毛，后变无毛。二球悬铃木花序球形，通常两个生一串上；花单性，雌雄同株；萼片小；花瓣较大，匙形，与萼片同数；雄花约有 4 个雄蕊，花丝极短；雌花约有 6 个心皮，花柱长。二球悬铃木聚花果；坚果长约 9 毫米，基部有长毛。

◆ **生长习性**

二球悬铃木喜光，喜湿润温暖气候，较耐寒。适生于微酸性或中性、排水良好的土壤，微碱性土壤虽能生长，但易发生黄化。根系分布较浅，台风时易受害而倒斜。二球悬铃木抗空气污染能力较强，叶片具吸收有毒气体和滞积灰尘的作用。二球悬铃木树干高大，枝叶茂盛，生长迅速，易成活，耐修剪，所以广泛栽植作行道绿化树种，也为速生材树种。

◆ **培育技术**

二球悬铃木繁殖方法主要有播种繁育和扦插育苗。

悬铃木破腹病又称烂肚子病，是危害悬铃木主干的一种多发病和常见病，影响植株生长，有碍观赏。其防治方法为：秋季控制浇水量，应尽量少浇水。秋末或初冬应对悬铃木涂白，涂白剂中可适量加入食盐。在气温稳定后，用经消毒的利刀彻底清理病灶，然后用硫黄粉涂抹，用塑料布捆扎。

◆ **主要用途**

二球悬铃木是常见的观叶、观果行道树种。悬铃木属植物有一定的药用价值，其树皮在印度曾作为传统民间药用来治疗痢疾、腹泻、牙痛和肿瘤，但并未纳入药典。药理实验证实，悬铃木属植物所含的黄酮类、三萜类等成分具有一定的生理活性，可用于抗肿瘤、消炎、杀菌、抗氧化、消除自由基及增强免疫能力。

王　棕

王棕是被子植物门单子叶植物纲棕榈目棕榈科王棕属一种。又称大王椰子。王棕原产于古巴，分布于中美洲、西印度群岛及南美洲。中国华南热带省区均有引种栽培。

王棕为多年生植物。茎直立乔木状，高达 10 ～ 20 米，幼时基部膨大，老时近中部不规则地膨大，向上部渐狭。王棕羽状全裂叶生于茎顶，呈 4 列排列，弓形并常下垂，长 4 ～ 5 米，叶轴每侧的羽片多达 250 片，羽片线状披针形，顶端浅 2 裂，长 90 ～ 100 厘米，宽 3 ～ 5 厘米，在中脉的每侧具粗壮的叶脉，叶鞘形成一个大的"冠茎"。王棕花雌雄同株，花序着生于叶下冠茎叶鞘的基部，多分枝，花序梗短，具 2 个大的佛焰苞，佛焰苞在开花前像一根垒球棒；花序长达 1.5 米，多分枝；花小，着生于直或波状弯曲的小穗轴上；花 3 朵聚生（2 雄 1 雌），顶部着生成对或单生的雄花；雄花萼片 3，分离，三角形，很短；花瓣 3，分离，卵状椭圆形或卵形，长于萼片；雄蕊 6，与

王棕

花瓣等长，具有退化雌蕊；雌花萼片花瓣与雄花近似，但 3 花瓣基部合生，长约为雄花的一半，具有合生成 6 裂杯状的退化雄蕊，子房近球形，1 室 1 胚珠，胚近基生。王棕果实近球形至倒卵形，长约 1.3 厘米，暗红色至淡紫色。种子一侧压扁，胚乳均匀。王棕花期在 3 ～ 4 月，果期在 10 月。

王棕树形高大、优美，在世界热带地区被广泛作为行道树和庭园绿化树种，在中国华南常被作为行道树、花坛中央主景以及水滨、草坪等，孤植或行植均适宜。王棕种子在原产地是家鸽的主要饲料，其茎和叶可作为茅舍的建造材料。

润　楠

润楠是樟科润楠属常绿乔木，原产于中国四川。

润楠高可达 40 米以上。顶芽卵形，鳞片外面密被灰黄色绢毛。润楠叶互生，革质，全缘，椭圆形或椭圆状倒披针形，长 5 ～ 10 厘米，先端渐尖或尾状渐尖，叶上面无毛，下面有贴伏小柔毛。润楠具羽状脉，叶脉在上面凹下，在叶下明显凸起，侧脉在两边均不明显。圆锥花序生于嫩枝

润楠

基部，花小带绿色，花被片 6，排成 2 轮。润楠果扁球形，黑色，果下有宿存反曲的花被裂片。润楠花期在 4 ～ 6 月。

润楠树干挺直，具广阔的伞形树冠，可作行道树与庭园树。润楠材质优良，细致芳香，可供建筑、贵重家具和细工用。

美丽异木棉

美丽异木棉是木棉科异木棉属落叶乔木。又称美人树。美丽异木棉原产于南美洲，热带地区多有栽培。美丽异木棉在中国广东、福建、广西、海南、云南、四川等地区广泛栽培。

美丽异木棉树高达 15 ~ 18 米，树形优美，树干粗大，干上着生瘤状刺。花生于叶腋或略呈总状花序。初冬时节，美丽异木棉花开满树，缤纷全冠，花粉红色且大而多，极为美观。美丽异木棉喜光，喜高温多湿环境。栽培土质以肥沃的壤土或砂质壤土为好。采用嫁接繁殖或种子繁殖。

美丽异木棉在中国云南、广东、海南

美丽异木棉

等南方地区引种栽培，用于庭园绿化。常在广场、办公楼前三五株丛植作风景树，或列植于公路的隔离带作为行道树。

楸　树

楸树是紫葳科梓属落叶乔木。又称金丝楸、楸。楸树分布于中国黄河流域及长江流域，尤以江苏、河南、山东、陕西中部与南部分布最为普遍。楸树多散生于村前宅后及沟谷与山坡中下部。

楸树树高 8 ～ 12 米。叶三角状卵形或卵状长圆形，顶端长渐尖，基部截形。叶柄长 2 ～ 8 厘米。楸树顶生伞房状总状花序，有花 2 ～ 12 朵，粉紫色，内有紫色斑点。楸树蒴果线性，长 25 ～ 55 厘米。种子狭长椭圆形，两端生长毛。楸树花期在 5 ～ 6 月，果期在 6 ～ 10 月。

楸树

楸树性喜肥土，稍耐盐碱，不耐干旱瘠薄，也不耐水湿。可用播种育苗繁殖，亦可用根蘖、嫁接、扦插等方法繁殖。

楸树生长迅速，树干通直，木材坚硬，为良好的建筑用材，也可栽培作为观赏树、行道树。

流苏树

流苏树是木樨科流苏树属落叶乔木。又称茶叶树、乌金子。原产于中国东部、中部省份和台湾地区。韩国和日本也有流苏树分布。

流苏树高可达 20 米。单叶对生，叶卵形至倒卵状椭圆形，先端钝圆或微凹，基部宽楔形或楔形，全缘或具小锯齿。流苏树圆锥花序长 3 ～ 12 厘米，花冠白色，

流苏树

4 深裂，裂片狭长，线状披针形，花冠筒极短。流苏树核果蓝黑色或黑色，被白粉。流苏树花期在 4 ～ 5 月。

流苏树喜光，稍耐阴，较耐寒，耐旱，对土壤适应性强。流苏树生长较慢。一般采用播种、扦插或嫁接法繁殖。

流苏树形优美，花形奇特，秀丽可爱，花期长，可达 20 多天。在园林中，流苏树通常点缀于草地或散植于路旁，也可作庭园树和行道树，是观赏效果很好的园林树种。

冷　杉

冷杉是松科冷杉属常绿高大乔木，为中国特有种，产于四川的高山地带。

冷杉高达 40 米，胸径达 1 米。树皮灰色或深灰色，裂成不规则的薄片固着于树干上，内皮淡红色。冷杉大枝斜上伸展，一年生枝淡褐黄色、淡灰黄色或淡褐色，叶枕之间的凹槽内有疏生短毛或无毛，二、三年生枝呈淡褐灰色或褐灰色。冷杉冬芽圆球形或卵圆形，有树脂。球果卵状圆柱形或短圆柱形，基部稍宽，顶端圆或

冷杉

微凹，有短梗，熟时暗黑色或淡蓝黑色，微被白粉。冷杉花期在 5 月，球果在 10 月成熟。

冷杉喜温凉、湿润气候，适宜排水良好、腐殖质丰富的山地棕壤、

暗棕壤。一般采用播种法繁殖。冷杉树干通直，为常绿树种，在北方地区栽培作为行道树、景观树。

馒头柳

馒头柳是杨柳科柳属落叶乔木，是旱柳的一种变型。馒头柳以中国黄河流域为栽培中心，分布于东北、华北、华东、西北等地，为新疆常见树种。

馒头柳

馒头柳高达 18 米，树冠半圆形，如同馒头状。树皮暗灰黑色，有裂沟，分枝较密，枝条端稍齐整。无顶芽。叶互生，披针形，长 5 ～ 10 厘米，宽 1 ～ 1.5 厘米，具羽状脉。馒头柳花叶同时开放，雄花序圆柱形。果序长达 2.5 厘米。花期在 4 月，果期在 4 ～ 5 月。馒头柳喜光，耐旱，耐寒，耐水湿，耐修剪，抗病虫害，耐盐碱，具有很强的适应性。生长快。

馒头柳遮阴效果较好，可作庭荫树、行道树、护岸树，常栽培在河湖岸边或孤植于草坪，对植于建筑物两旁。馒头柳也是造林绿化的重要树种之一，其枝叶是良好的饲料来源。

凤凰木

凤凰木是被子植物门双子叶植物纲豆目豆科凤凰木属的一种。凤凰木原产于非洲马达加斯加，世界各热带、暖亚热带地区广泛引种栽培。

中国福建、广东、广西、云南、海南等省、自治区有凤凰木栽培。

　　凤凰木为落叶大乔木，高达 20 米。凤凰木叶为二回偶数羽状复叶，长 20～60 厘米，羽片 30～40 个，每羽片有小叶 40～80 枚；小叶长椭圆形，长 7～8 毫米。凤凰木总状花序顶生或腋生；花大，直径 6～8 厘米；两性花，近两侧对称；萼片 5，基部合生成短筒；花瓣 5，红色，有黄及白色花斑，具长爪，连爪长 3.5～5.5 厘米；雄蕊 10，分离，向下弯、伸出花瓣外，红色；心皮 1，子房上位，1 室，胚珠多数。凤凰木荚果条形、扁平，木质，下垂，长达 50 厘米，宽约 5 厘米，开裂，多种子；种子横生，矩形。凤凰木花期在 6～7 月，果期在 8～10 月。

凤凰木

　　凤凰木常被作为庭园树和行道树。

楹　树

　　楹树是被子植物门双子叶植物纲豆目豆科合欢属的一种。分布于中国福建、湖南、广东、广西、云南各省区，越南、缅甸、马来西亚、泰国、印度、斯里兰卡等国也有分布。

　　楹树为落叶乔木。楹树叶为二回偶数羽状复叶，互生，羽片 6～18 对，总叶柄基部和叶轴上有腺体，小叶 20～40 对，狭矩圆形，长 6～8 毫米，宽约 2 毫米；托叶膜质，半心形，早落。楹树头状花序有

花 10～20 朵，生于长短不同、密被柔毛的总花梗上，再排成顶生的圆

楹树

锥花序；花两性，辐射对称；花萼漏斗状，5 齿裂；花瓣 5，黄绿色；雄蕊多数，绿白色，具长花丝，基部合生，长 12～25 毫米；心皮 1，子房上位，1 室，胚珠多数，具长花柱。楹树荚果条形，扁平，长 10～15 厘米，不开裂。楹树花期在 3～5 月；果期在 6～12 月。

楹树树皮含单宁，木材可制家具及作为箱板用材，也可植为行道树。

灯台树

灯台树是被子植物门双子叶植物纲山茱萸目山茱萸科山茱萸属的一种。灯台树枝条层层平展，树冠上部较窄，下部较宽，形如灯台，故名灯台树。

灯台树分布于中国辽宁、陕西、甘肃、河北至长江以南各省。生于海拔 250～2600 米亚热带常绿阔叶林或亚高山针阔混交林中。灯台树在朝鲜半岛、日本也有分布。

灯台树为落叶乔木，高可达 15～20 米。灯台树当年生枝紫红绿色。叶互生，阔卵形、阔椭圆卵形或披针状椭圆形，全缘，下面密生淡白色平贴短柔毛，侧脉 6～7 对，弓形内弯，叶柄长 2～6.5 厘米。灯台树聚伞花序顶生。花小，白色；花萼裂片 4；花瓣 4，长圆披针形；雄蕊 4，

花丝绒形，白色；花药淡黄色；花柱圆柱形，柱头小，头状，子房下位。灯台树核果球形，直径 6～7 毫米，成熟时紫红色至蓝黑色。

灯台树的树形美观，花序明显，可作观赏树种或行道树；种子含油高，可制肥皂、润滑油；木材可供建筑用。

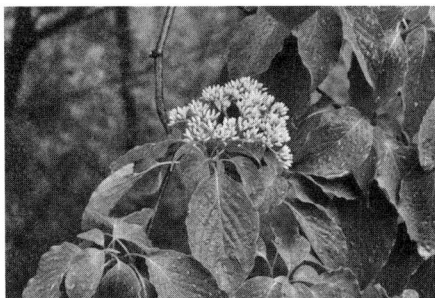

灯台树

酒瓶椰

酒瓶椰是棕榈科酒瓶椰属常绿乔木。又称酒瓶椰子、酒瓶棕。酒瓶椰原产于马斯克林群岛，是一种典型的热带棕榈植物。酒瓶椰在中国海南、广东、福建、广西、云南等省（自治区）有引种栽培。茎干在近地面处稍细，向上逐渐增粗，近冠茎处又收缩变细，形如酒瓶，因此被称为酒瓶椰。

酒瓶椰茎单生，最大茎粗可达 40～70 厘米。叶羽状，全裂，羽片披针形，长约 45 厘米，叶色淡绿，叶质坚挺，背面有鳞片；叶柄长 30～40 厘米。酒瓶椰雌雄同株。花序见于冠茎下，花黄绿色。酒瓶椰果椭圆形，成熟时为黑褐色，种子椭圆形。

酒瓶椰

酒瓶椰喜高温、湿润、半阴的环境，

耐盐碱、怕寒冷、不耐涝。酒瓶椰栽植以排水良好，富含有机质的土壤为佳。一般采用播种法繁殖。酒瓶椰主要病害有心腐病、叶斑病，主要害虫为红棕象甲。

酒瓶椰子树形奇特，其下部膨大的茎干形如酒瓶，非常美观。因此，酒瓶椰常用于园林绿化的行道树或草坪庭院的点缀，也可盆栽用于装饰宾馆的厅堂和大型商场。

观光木

观光木是被子植物门双子叶植物纲木兰目木兰科含笑属的一种。又称香花木、宿轴木兰。观光木因纪念中国植物学家钟观光而得名。观光木为单属种。

观光木星散分布于中国云南、广西、广东、福建、江西等省区海拔500～1000米的常绿阔叶林中。

观光木为常绿乔木，高达25米，新枝、芽、叶柄、叶下面密被褐色柔毛。叶椭圆形或倒卵状椭圆形，先端钝尖，基部楔形，托叶与叶柄连生，延至叶柄中部以下。观光木花腋生，芳香，花被片淡黄色，有红色小斑点，雄蕊群超出雌蕊之上，花丝圆柱状；心皮9～12，螺旋状排列，受精后全部愈合发育成肉质的聚合果。观光木聚合果卵状椭圆

观光木

形，下垂，干后厚木质，不规则开裂脱落，果轴宿存。观光木花粉粒具1远极沟，沟多闭合成皱纹状，覆盖层光滑，偶有细网状皱纹，穿孔明显。

观光木的木材为散孔材，边材暗灰色，心材暗黄褐色，纹理直，结构细，质轻软，易加工，干燥后少开裂，刨面光滑，供建筑、乐器、家具及细木工用材。观光木树干挺直，树冠宽广，枝叶稠密，花美丽芳香，是优美的庭园观赏及行道树种。观光木的花可提取芳香油，种子榨油可供工业用。

白千层

白千层是桃金娘科白千层属常绿乔木。又称脱皮树、千层皮、玉树、玉蝴蝶等。

白千层因树皮能一层层剥落而得名。民间形容它"树皮一层层的，仿佛要脱掉旧裳换新裳一般""千层万层的树皮脱也脱不完"。白千层原产于澳大利亚，在中国广东、台湾、福建、广西等地均有栽种。

白千层高可达18米。树皮灰白色，厚而松软，呈薄层状剥落；嫩枝灰白色。白千层叶互生，叶片革质，披针形或狭长圆形，两端尖，多油腺点，香气浓郁；叶柄极短。白千层花白色，密集于枝顶成穗状花序，长达15厘米。蒴果近球形，直径5～7毫米。白千层花期每年多次。

白千层喜温暖潮湿环境，要求阳光充足。适应性强，能耐干旱高温及瘠瘦土壤，亦可耐轻霜及短期0℃左右低温。对土壤要求不严。白千层用种子繁殖，育苗移栽，种子随采随播，亦可晒干袋藏备用。

茶树油是从白千层的枝叶中加工提炼出的一种芳香油，具有抗菌、消毒、止痒、防腐等作用，是洗涤剂、美容保健品等日用化工品和医疗用品的主要原料之一，需求广泛。白千层树一次栽培，当年见效，年年收枝叶，每年可采2次，每亩可采枝叶2000～3000千克。同时，白千层还是优良的绿化树种。园林观赏方面，白千层树皮美观并具芳香，可作屏障树或行道树；但因树皮易引起火灾，不宜用于造林。

白千层叶

红千层

红千层是桃金娘科红千层属常绿乔木。又称瓶刷子树、红瓶刷、金宝树。红千层原产于澳大利亚。红千层在中国引进已有百年历史，中国台湾、广东、广西、福建、浙江等地均有栽培。因红千层花形极似瓶刷，所以也被称为"瓶刷子树"。

红千层

红千层树皮坚硬，灰褐色；嫩枝有棱。叶片坚革质，线形，先端尖锐，油腺点明显，叶柄极短。红千层穗状花序生于枝顶；花瓣绿色，卵形；雄蕊长2.5厘米，鲜红色，花药暗紫色，椭圆形。红千层蒴果半球形，3片裂开，果爿脱落；种子条状，长 1 毫米。花期在 6 ～ 8 月。

红千层以播种繁殖为主，也可扦插繁殖，不易移植成活。属阳性树种，耐 -5℃ 低温和 45℃ 高温，生长适温为 25℃ 左右，幼苗在南方可露地越冬。红千层对水分要求不严，但在湿润条件下生长较快。红千层在中国长江以南自然条件下每年春、夏开两次花，人工催花可在元旦、春节开花。萌发力强，耐修剪。由于极耐旱、耐瘠薄，红千层也可在城镇近郊荒山或森林公园等处栽培。

红千层树姿优美，花形奇特，适应性强，观赏价值高，适用于庭院美化，为高级庭院美化观花树、行道树、园林树、风景树，还可作防风林、切花或大型盆栽，并可修剪整枝成盆景。红千层还是香料植物，其小叶芳香，可供提香精油。鲜叶出油 0.75% ～ 1.20%，主成分 1,8- 桉叶素含量较高为 69.56%，与桉油大王——桉树不相上下，也是生产桉叶油的植物资源。其精油用作调配化妆品、香皂等日用品的香精，也用于医药卫生。

羊蹄甲

羊蹄甲是豆科羊蹄甲属植物，主要分布于热带和亚热带地区，中国产 50 余种。

羊蹄甲叶全缘，先端凹缺或分裂为 2 裂片，有时深裂达基部而成 2 片离生的小叶；基出脉 3 至多条，中脉常伸出于 2 裂片间形成一小芒尖，叶形酷似羊蹄的脚印。羊蹄甲花两性，很少为单性，苞片和小苞片通常早落；花瓣 5 片；雄蕊 10，有时退化为 5 ～ 3 或 1 枚。羊蹄甲荚果长

羊蹄甲

圆形、带状或线形。种子圆形或卵形、扁平。

羊蹄甲有藤本、灌木、乔木3种类型。乔木型羊蹄甲是华南地区重要的园林景观树种，主要有香港紫荆花、羊蹄甲、洋紫荆。其中，香港紫荆花为自然杂交种，不结实，花期长，可达4个月，香港特别行政区区旗上的花朵图案就是该种花。洋紫荆又称宫粉羊蹄甲，在云南西双版纳少数民族地区有食用其花蕾的习俗，也有将羊蹄甲嫩枝尖作为野生蔬菜食用的习俗。上述3种羊蹄甲叶子也可作为青贮饲料进行开发利用。

羊蹄甲属很多植物在中国作为药用，它的根皮、茎皮及叶的提取物可治疗腹泻、风湿病、糖尿病，以及镇痛等。

梧 桐

梧桐是被子植物门双子叶植物纲锦葵目锦葵科梧桐属的一种。又称青桐。梧桐名出《尔雅》。

梧桐原产于中国，自华南至华北广泛栽培。

梧桐为落叶乔木，高达16米。树皮青绿色，光滑。梧桐单叶，大，互生，心形，长达30厘米，掌状3～7浅裂至深裂，下面有星状毛，叶柄稍长于叶。圆锥花序生于小枝顶端，长20～50厘米。梧桐花小，淡绿白色，功能性单性或杂性，同株；萼裂片5，条状披针形；无花瓣，雄花雄蕊15，结合成柱状；雌花心皮3～5，合生，子房5室，花柱基部连合，柱头5，每室有胚珠2至多数。梧桐果由3～5膜质蓇葖组成，蓇葖长6～11厘米，外面被淡黄色绒毛，成熟时沿腹缝线5裂，

开裂成叶状，裂瓣膜质，长7～11厘米，向外反卷呈匙形，每蓇葖内有种子2～4个，着生在叶状果皮边缘。梧桐种子圆球形，直径6～8毫米，棕褐色，种皮皱缩，表面呈网状凹

梧桐花序

形。梧桐花期在6～7月，果期在9～10月。

梧桐为著名的庭园树木，作为观赏树木已有2000年以上的历史，适应性强，自华南至华北多栽植为行道树。梧桐木材轻软，色白，为制乐器的良材。树皮纤维可造纸和编绳。种子炒熟后可食或榨油。梧桐叶、花、根、种子均可入药，能清热解毒、祛湿健脾。

秃瓣杜英

被子植物门双子叶植物纲酢浆草目杜英科杜英属的一种。名出《植物分类学报》。秃瓣杜英分布于中国广东、广西、江西、福建、浙江、安徽、湖南、贵州及云南。生长于海拔400～750米的常绿林里。

秃瓣杜英为常绿乔木，高可达15米；嫩枝秃净无毛，有棱，绿色，

较老的小枝及嫩枝干后枣红色。秃瓣杜英单叶，无毛，互生，叶纸质或膜质，倒披针形，长6～14厘米，宽3～5厘米，先端渐尖，尖头钝，基部变窄而下延，边缘有钝齿，上面干后黄绿色，发亮，下面浅绿色，网脉疏，侧脉7～9对，在下面突起；叶柄长5毫米以下，偶有长达1厘米，无毛。秃瓣杜英花两性，总状花序腋生，长5～10厘米，纤细，花序轴有微毛：萼片披针形，长5毫米，宽1.5毫米，外面有微毛；花瓣5片，白色，长5～6毫米，先端较宽，撕裂为15条，基部窄，无毛；雄蕊20～25枚，长3.5毫米，花丝极短，花药顶端无附属物但有毛丛；花盘5裂，被密毛；子房2～3室，被密毛，花柱长3～5毫米，有微毛。秃瓣杜英核果椭圆形，长1～1.5厘米，外果皮不光亮，内果皮薄骨质，表面有浅沟纹。花期6～7月，果期在8～9月。

秃瓣杜英

秃瓣杜英在中国长江以南常被作为行道树或绿化树种栽培。

鹅掌楸

鹅掌楸是木兰科鹅掌楸属乔木，分布于中国浙江、江苏、安徽、江西、湖南、湖北、四川、贵州、广西、云南等地。

鹅掌楸高可达40米，胸径1米以上，小枝灰色或灰褐色。叶马褂状，长 4～12（18）厘米，近基部每边具 1 侧裂片，先端具 2 浅裂，叶背面苍白色，叶柄长 4～8（～16）厘米。鹅掌楸花杯状，花被片 9，外轮 3 片绿色，萼片状，向外弯垂，内两轮 6 片、直立，花瓣状倒卵形，长 3～4 厘米，绿色，具黄色纵条纹，花药长 1.0～1.6 厘米，花丝长 0.5～0.6 厘米，花期时雌蕊群超出花被之上，心皮黄绿色。鹅掌楸聚合果长 7～9 厘米，具翅的小坚果长约 6 毫米，顶端钝或钝尖，具种子 1～2 颗。花期在 5 月，果期在 9～10 月。

鹅掌楸

鹅掌楸喜光及温和湿润气候，较耐旱，在 -15℃ 低温可不受伤害。鹅掌楸喜深厚肥沃、适湿而排水良好的酸性或微酸性土壤，在干旱土地上生长不良，忌低湿水涝。鹅掌楸多用种子繁殖，但发芽率较低；也可扦插繁殖，成活率较高。

鹅掌楸树干挺直，树冠伞状，叶形奇特，是优美的庭荫树和行道树树种。鹅掌楸花淡黄绿色，适宜种植于园林中安静休息区的草坪上。鹅掌楸秋色呈黄色，是极佳的赏叶树种。鹅掌楸可孤植或群植，也可与木荷、山核桃、板栗等混交栽植。木材淡红褐色，材质细致、纹理通直，易加工，不易干裂变形或少变形，可供建筑、家具及细木工使用。叶和树皮可入药。

女 贞

女贞是被子植物门双子叶植物纲唇形目木犀科女贞属一种。女贞名出《神农本草经》。

女贞分布于中国长江以南至华南、西南各省区，向西北分布至陕西、甘肃。女贞生于海拔 2900 米以下疏、密林中。女贞在朝鲜也有分布，印度、尼泊尔有栽培。

女贞为常绿乔木或大灌木，高可达 25 米，枝条有明显的皮孔，无毛。叶革质而易碎，卵形、宽卵形、椭圆形或卵状披针形，长 6～12 厘米，宽 3～8 厘米，先端锐尖至渐尖或钝，基部圆形或近圆形，有时宽楔形或渐狭，叶缘平坦，上面光亮，两面无毛，中脉在上面凹入，下面凸起，叶柄长 1～3 厘米，上面具沟，无毛。女贞的圆锥花序较大，顶生，花序基部苞片常与叶同型，小苞片披针形或线形，凋落，花近无梗；花萼钟状，4 浅裂；花冠 4 裂，管部与裂片约等长，反折，白色；雄蕊 2，生花冠管喉部，伸出花冠外；雌蕊 1，子房上位，球形；花柱圆柱形，柱头棒状。女贞核果浆果状，长椭圆形或近肾形，幼时绿色，熟时蓝黑色，被白粉；种子 1～2 个。花期在 5～7 月，果期在 7 月至翌年 5 月。

女贞

女贞树用途广，种子油可制肥皂；花可提取芳香油；果含淀粉，可供酿酒或制酱油；枝、叶上放养白蜡虫，能生产白蜡，蜡可供工业及医药用；果入药称女贞子，为强壮剂；叶药用，具有解热镇痛的功效；植株可作丁香、桂花的砧木或行道树。

石　栗

石栗是被子植物门双子叶植物纲金虎尾目大戟科石栗属的一种。石栗名出《南方草木状》，因果实形状貌似栗子，坚硬如石而得名。

石栗原产于马来西亚及夏威夷群岛，广泛分布于亚洲热带、亚热带地区。在中国江西、福建、台湾、广东、海南、广西、云南等省区有引种栽培。

石栗为常绿乔木，高达 18 米。嫩枝密被灰褐色星状微柔毛，成长枝近无毛。石栗单叶互生，叶纸质，卵形至椭圆状披针形，长 14～20 厘米，宽 7～17 厘米，全缘或 3～5 浅裂，嫩叶两面被星状微柔毛，成长叶上面无毛，下面疏生星状微柔毛或几无毛；基出脉 3～5 条；叶柄长 6～12 厘米，密被星状微柔毛，顶端有 2 枚淡红色扁圆形腺体。石栗花小，雌雄同株，同序或异序，组成顶生的圆锥花序；花萼在开花时 2～3 裂；花瓣长约 6 毫米，乳白色至乳黄色；雄花具雄蕊

石栗

15 ～ 20 枚；雌花子房密被星状微柔毛，常 2 室，花柱 2 枚，2 深裂。石栗核果近球形或稍偏斜的圆球状，长约 5 厘米，具 1 ～ 2 粒种子。石栗种子圆球状，侧扁，种皮坚硬，有疣状突棱。花期在 4 ～ 10 月。

石栗生长迅速，对市区环境适应能力强，加上其树干挺直，树冠浓密，有很好的遮阴功能，是城市优良的行道树。石栗种子含油量达 26%，供肥皂、油漆、油墨等工业用油。种子外形似贝壳的化石，可做成装饰品。石栗树干也可用作木材。

水青树

水青树是被子植物门双子叶植物纲昆栏树目昆栏树科水青树属的一种。水青树名出《中国植物名录》。

水青树分布于中国西藏、云南、四川、贵州、陕西、甘肃、湖南和湖北等地，在印度东北部、不丹、尼泊尔、越南和缅甸北部也有分布。水青树生于海拔 1200 ～ 3500 米的阔叶林中。

水青树为落叶乔木，高达 40 米，全体无毛。树皮灰白色，老时成片状脱落。芽被与叶柄基部合生的托叶所包围。水青树枝有长、短枝之分，嫩枝紫红色，小枝较细长，下垂。叶厚纸质，心形或宽心形，先端渐尖，基部心形，边缘有整齐而钝圆的腺齿，基出脉 3 ～ 5 条，叶柄长 2 ～ 3 厘米。水青树花序穗状，长达 10 厘米，着生于短枝顶端。花小，黄绿色，有极淡的香味，在花序上常 4 ～ 5 朵聚成不严格的一圈；萼片 4 枚；无花瓣；雄蕊 4 枚，与萼片对生；心皮 4 枚，分离；子房背部在花期向外水平延伸，密布凹陷的气孔器；花柱初直立，随着心皮腹面的

增长而向外弯，至最后成为基生的。水青树 4 个蓇葖果在侧面黏着，沿

背缝线开裂，具宿存而外折的花柱。
种子线形或长圆形，长 2 ～ 3 毫米。
水青树花粉粒长圆形，具 3 孔沟，外
层厚于内层。花期在 6 ～ 7 月，果期
在 8 ～ 9 月。

水青树木材白色，结构细致，可
供建筑、家具用材。水青树树姿婆娑，
适宜栽培作观赏和行道树。水青树为
古老的子遗植物，已被中国列为国家
二级保护野生植物。

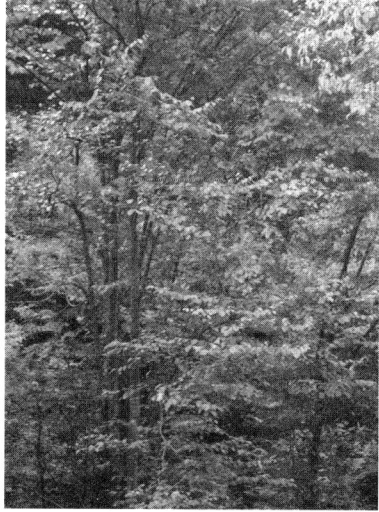
水青树

重阳木

重阳木是被子植物门双子叶植物纲金虎尾目叶下珠科秋枫属的一
种，为中国特有树种。重阳木名出《中国植物志》。

重阳木产于中国秦岭、淮河流域以南至福建、广东北部，生于海拔
1000 米以下的山地林中，在长江中下游平原地区常见栽培，华北地区
有少量引进栽培。

重阳木为落叶乔木，高达 15 米，胸径有时达 1 米；有乳管组织，
汁液呈红色，树皮灰褐色，纵裂；全株无毛。重阳木当年生枝绿色，皮
孔明显。重阳木叶为三出复叶，互生，小叶片卵形至长圆状卵形，长
5 ～ 9（～ 14）厘米，宽 3 ～ 6（～ 9）厘米，基部圆或浅心形，边缘

重阳木

具细密锯齿，纸质，顶生小叶通常较两侧的大；叶柄长 9 ～ 13.5 厘米；托叶早落。重阳木总状花序腋生，通常着生于新枝的下部，花序轴纤细而下垂；花小，单性异株，无花瓣，春季与叶同时开放；雄花萼片 5，膜质，镊合状排列，具 5 雄蕊，有退化雌蕊；雌花萼片与雄花的相同，心皮 3 ～ 4，子房上位，3 ～ 4 室，每室 2 胚珠，花柱常 3。重阳木浆果球形，直径 5 ～ 7 毫米，成熟时褐红色。重阳木种子长圆形，胚乳肉质，胚直立，子叶宽而扁平。花期在 4 ～ 5 月，果期在 10 ～ 11 月。

重阳木通常被作为行道树和庭园观赏树栽培。重阳木心材鲜红，边材淡红，材质略重而坚韧，结构细而匀，有光泽，宜作建筑、造船、车辆、家具用材；果可酿酒；种子含油 30%，可供食用，也可制润滑油和制皂。

槐

槐是豆科槐属乔木。原产于中国，南北各省区均有广泛栽培，华北和黄土高原地区尤为多见。

槐高可达 25 米。树皮灰褐色，具纵裂纹。槐当年生枝绿色，无毛。羽状复叶长达 25 厘米。槐叶柄基部膨大，包裹着芽。托叶形状多变，有时呈卵形，叶状有时线形或钻状，早落。槐小叶 7 ～ 15 枚，对生或近互生，纸质，卵状披针形或卵状长圆形，长 2.5 ～ 6 厘米，先端渐尖，具小尖头，基部宽楔形或近圆形，稍偏斜，叶背灰白色，幼时被疏短柔毛。槐圆锥花序顶生，常呈金字塔状。花梗比花萼短，小苞片 2 枚，形似小托叶。花萼浅钟状，萼齿 5，近等大，圆形或钝三角形，被灰白色短柔毛，萼管近无毛。花冠白色或淡黄色，具短柄，有紫色脉纹，先端微缺，基部浅心形。雄蕊近分离，宿存。槐子房近无毛。荚果串珠状，肉质，长 2 ～ 8 厘米，成熟后不开裂，也不脱落。槐种子卵球状，淡黄绿色，干后黑褐色。花期在 7 ～ 8 月，果期在 8 ～ 10 月。

槐喜光，略耐阴。喜干冷气候和深厚、排水良好的砂质壤土，在石灰性、酸性及轻盐碱土上均可正常生长。槐在干燥、贫瘠的山地及洼积水处生长不良。多用播种法繁殖。

槐树冠优美，花芳香，是行道树和优良的蜜源植物。因其耐烟毒能力强，是厂矿区良好的绿化树种。槐花和荚果入药，有清凉收敛、止血降压作用。槐叶和根皮有清热解毒作用，可治疗疮毒。槐木材坚韧、耐水湿、富弹性，可供建筑、家具、农具用。

槐

四照花

四照花是山茱萸科四照花属和山茱萸属中一些观赏植物的统称。四照花产于中国内蒙古、山西、陕西、甘肃、河南以及长江以南各省（自治区）。四照花属共 10 种，中国均有，其中，四照花较为常见。

四照花为常绿或落叶小乔木或灌木。四照花冬芽顶生或腋生。四照花叶对生，亚革质或革质，稀纸质，卵形，椭圆形或长圆披针形，侧脉 3 ～ 6（～ 7）对；具叶柄。四照花头状花序顶生，有白色花瓣状的总苞片 4，卵形或椭圆形；花小，两性；花萼管状，先端有齿状裂片 4，钝圆形、三角形或

四照花

截形；花瓣 4，分离，稀基部近于合生；雄蕊 4，花丝纤细。四照花果为聚合状核果，球形或扁球形。四照花的花期在 5 ～ 6 月，果期在 8 ～ 10 月。山茱萸属大花四照花和墨西哥四照花，与四照花属植物形态相似，但是果实成熟时分离，不形成肉质球形的聚合果。

四照花的树性强健，耐寒力亦强。适合栽植于较温暖的地区，适生于肥沃而排水良好的土壤。四照花常采用播种、扦插的方法繁殖，也可采用嫁接、压条的方法繁殖。

四照花树形整齐，初夏开花，总苞片色白如蝶，盛开时如满树的蝴

蝶在上下飞舞。四照花核果聚生成球形，红艳可爱，味甜可食，还可酿酒。四照花叶片光亮，入秋变红，观赏价值高。常栽培于庭院中以供观赏，或以常绿树为背景栽植于公园、宅旁、路边，孤植、丛植皆宜，亦可用作行道树。

滇 杨

滇杨是被子植物门双子叶植物纲金虎尾目杨柳科杨属一种。又称云南白杨。

◆ 名称来源

滇杨主要产于中国云南，故名滇杨。滇杨名出自《中国树木分类学》。是中国西南地区特有的乡土树种。滇杨寿龄在 50 年左右。

◆ 分布范围

滇杨原产于中国。主要分布在中国西南地区云贵高原，在云南昆明、禄劝、丽江、剑川、大理、维西、宾川、宣威、曲靖等地分布较多，在贵州和四川也有分布。滇杨垂直分布在海拔 1300 ～ 2700 米地区。

◆ 形态特征

滇杨为乔木，高可达 20 米。树皮灰色，纵裂。小枝幼时有棱，无毛；老枝无棱。滇杨芽椭圆形，有黏质。滇杨叶纸质，卵形、椭圆状卵形、广卵形或三角状卵形，长 5 ～ 16 厘米，宽 2 ～ 7.5 厘米，边缘有细腺圆锯齿，初有睫毛，后无毛，上面绿色，有光泽，沿中脉上稍有柔毛，下面灰白色，无毛，中脉黄色或红色；叶柄长 1 ～ 4 厘米，粗壮，带红色；短枝叶卵形，较大，长 7.5 ～ 17 厘米，宽 4 ～ 12 厘米，先端长

渐尖或钝尖，基部圆形或浅心形，稀楔
形；叶柄长 2 ～ 9 厘米，或与叶片近等
长。滇杨雄花序长 12 ～ 20 厘米，轴光
滑，雄蕊 20 ～ 40，苞片掌状，丝状条裂，
光滑，赤褐色；雌花序长 10 ～ 15 厘米。
滇杨蒴果 3 ～ 4 瓣裂，近无柄。花期在 4
月上旬，果期在 4 月中下旬。

滇杨

◆ 生长习性

滇杨适应低纬度高海拔地区的气候
和环境，耐寒、喜温凉湿润气候，主要分布区的年平均气温 8 ～ 18℃，
年降水量 600 ～ 1300 毫米。滇杨在土层深厚的沟边、河岸等地能够迅
速生长，在良好的立地条件下，20 年生的滇杨树高可达 25 米，胸径可
达 60 厘米。

◆ 培育技术

滇杨主要以扦插的方式无性繁殖。

◆ 主要用途

滇杨可作用材林、防护林、园林绿化树种。滇杨在云南被广泛栽培，
常用作行道树、农田防护林等。

面包树

面包树是被子植物门双子叶植物纲蔷薇目桑科波罗蜜属的一种。面
包树名出《台湾植物志》，因其果实烧烤后风味似面包而得名。

面包树原产于马来群岛和南太平洋岛屿，有3000多年的栽培历史，伴随着人类传播而分布到中南美洲、非洲热带地区以及亚洲的印度。面包树在中国海南、台湾和广东等地有种植。

面包树为常绿乔木，高 10 ～ 15 米。树皮灰褐色，粗厚。面包树叶大，互生，厚革质，卵形至卵状椭圆形，长 10 ～ 50 厘米，成熟之叶羽状分裂，两侧多为 3 ～ 8 羽状深裂，裂片披针形，先端渐尖，两面无毛，表面深绿色，有光泽，背面浅绿色，全缘，侧脉约 10 对；叶柄长 8 ～ 12 厘米；托叶大，披针形或宽披针形，长 10 ～ 25 厘米，黄绿色，被灰色或褐色平贴柔毛。面包树花序单生叶腋，雄花序长圆筒形至长椭圆形或棒状，长 7 ～ 30（～ 40）厘米，黄色；雄花花被管状，被毛，上部 2 裂，裂片披针形，雄蕊 1 枚，花药椭圆形；雌花花被管状，子房卵圆形，花柱长，柱头 2 裂。面包树聚花果倒卵圆形或近球形，长宽比值为 1 ～ 4，长 15 ～ 30 厘米，直径 8 ～ 15 厘米，绿色至黄色，表面具圆形瘤状凸起，成熟褐色至黑色，柔软，内面为乳白色肉质花被组成。面包树核果椭圆形至圆锥形，直径约 25 毫米。栽培的面包树多为少核果或无核果。

面包树

面包树在一年内结果的时间有 9 个月。一棵树一年可结 200 颗果，是产量最高的食用植物之一。面包树果实淀粉含量丰富，烤制后味如面包，松软可口、酸中有甜，是许多热带地区居民的主食。面包树木材材质轻软而粗，海岛居民以此为独木舟，亦可供建筑使用。波利尼西亚人在航海探险时通常携带面包树的根插，以便在其他海岛种植。面包树树形挺拔，叶形奇特，适合作为行道树、庭园树木栽植。

朴 树

朴树（*Celtis sinensis*）是榆科朴属一种。又称黄果朴、紫荆朴、白麻子、朴、朴榆、朴仔树、沙朴、小叶朴。

◆ 名称来源

朴树于 1805 年由法国植物病理学家帕松（Persoon，1761 ～ 1836）命名，种加词 *sinensis* 表示植物分布于中国。

◆ 分布范围

朴树主要分布于中国淮河流域、秦岭以南至华南各省区，长江中下游和以南诸省区。越南、老挝也有朴树分布。

◆ 形态特征

朴树为落叶乔木，高达 20 米，树皮灰色，当年生小枝幼时密被棕色短柔毛，老后毛常脱落；冬芽暗褐色，1 ～ 3 毫米，无毛或有微柔毛。朴树托叶线形或披针形，3 ～ 5 毫米，被短柔毛，早落。叶柄褐色，3 ～ 10 毫米，被短柔毛，正面有一个宽而浅沟；叶片卵形至卵状椭圆形，（3 ～ 10）×（3.5 ～ 6）厘米，厚纸质，幼时背面通常被不明显的黄褐色微柔毛，老时主脉或脉腋有毛，基部圆钝或斜截形，几乎不偏斜或对称稍偏斜，边缘近全缘或顶端具 0 ～ 16 对圆齿，先端锐尖至短渐尖；侧脉 3 或 4 对。朴树花簇生在叶腋和分枝基部；雌蕊具短花柱，柱头 2，线形，先端全缘。果梗单生于叶腋，粗壮，被短柔毛或下部被短柔毛，4 ～ 10 毫米。核果球形，直径 5 ～ 7 （8）毫米，核

朴树

球形，有穴和突肋。朴树花期在 3 ～ 4 月，果期在 9 ～ 10 月。

◆ **生长习性**

朴树适宜生长于平原耐荫处及海拔 100 ～ 1500 米的路旁、山坡、林缘，习见于村落附近。朴树喜光，适宜温暖湿润气候、肥沃之地，对土壤要求不严，有一定耐干旱能力，亦耐水湿及瘠薄土壤，适应力较强。

◆ **用途**

朴树根、皮、嫩叶入药有消肿止痛、解毒治热的功效，外敷治水火烫伤；叶制土农药，可杀红蜘蛛。茎皮又为造纸和人造棉原料。朴树果实榨油作润滑油。朴树木树坚硬，可供工业用材。茎皮纤维强韧，可作绳索和人造纤维。朴树宜作行道树主要用于绿化道路，作为景观树栽植于公园、小区等，对二氧化硫、氯气等有毒气体的抗性强，也是河网区防风固堤树种。

枫 杨

枫杨是胡桃科枫杨属落叶乔木。别称大叶柳。

◆ 分布

枫杨广泛分布于中国南亚热带和暖温带地区，东起台湾地区和福建、浙江，西至甘肃文县、四川、云南，南起广东沿海，北至河北遵化，共跨越17个省（区）。枫杨多垂直分布在海拔500米以下，但在四川、云南等省可达1000米以上，在秦岭可达1500米。枫杨中心栽培区在中国长江中下游地区。

◆ 形态特征

枫杨高可达30米，胸径可达1米。裸芽，密被锈褐色毛，雄花芽具短柄，卵状椭圆形。枫杨羽状复叶，叶轴有窄翅，顶生小叶有时不发育，小叶9～23片，矩圆形或窄椭圆形，叶缘具细锯齿，下面脉腋有星状毛。枫杨雌雄同株，雄花序生于叶腋，雌花序生于枝顶。果序下垂，坚果近球形，两侧具矩圆形果翅。

◆ 生长习性

枫杨为喜光树种，不耐庇荫。耐湿性强，但不耐长期积水和水位太高之地。枫杨为深根性树种，主根明显，侧根发达。枫杨萌芽力很强，生长很快。对有害气体二氧化硫及氯气的抗性弱。

◆ 培育技术

枫杨繁殖以播种育苗为主，也可扦插或压条繁殖。8月上旬枫杨果实成熟，可随采随播，也可去翅晾干或拌沙贮藏，春季播种。造林宜选择地势平坦、水源充足、排水良好、土壤深厚肥沃的砂壤地，通常用于四旁栽植，或营造小片纯林。培育干形优良的枫杨防风护堤林，初植密度株行距 2 米 ×3 米，5 ～ 6 年后进行隔株间伐；四旁栽植为 3 米 × 4 米。造林后可以耕代抚，在秋冬季节生长停止时或早春进行整形与修枝。枫杨伐根萌芽力很强，采伐后可采用萌芽更新。枫杨主要病害有白粉病、丛枝病，害虫主要有黑跗眼天牛、桑雕象鼻虫、枫杨灰褐圆蚧、柳白圆蚧等。

◆ 用途

枫杨木材材色灰褐色至褐色，纹理常具交错结构，材质轻软，容易加工，主要用作房屋、桥梁、家具、农具、茶叶箱，以及火柴和人造棉的原料。枫杨树皮内皮层含纤维素多（60% ～ 80%），纤维拉力大（平均 20 千克），可制上等绳索。树皮煎水可治疥癣和麻风溃疡。在血吸虫危害地区，常用枫杨树叶杀灭钉螺。枫杨枝叶茂密，根系发达，是护岸林和行道树的优良树种，也是重要园林绿化树种。

柠檬桉

柠檬桉是桃金娘科伞房属大乔木。又称油桉树、留香久。柠檬桉原产地在澳大利亚、印度尼西亚、菲律宾和巴布亚新几内亚。柠檬桉在中国广东、广西及福建南部有栽种，尤以广东最常见，多作行道树，在广东北部及福建生长良好。

◆ 形态特征

柠檬桉高 28 米，树干挺直；树皮光滑，灰白色，大片状脱落。幼态叶片披针形，有腺毛，基部圆形，叶柄盾状着生；成熟叶片狭披针形，宽约 1 厘米，长 10～15 厘米，稍弯曲，两面有黑腺点，揉之有浓厚的柠檬气味；过渡性叶阔披针形，宽 3～4 厘米，长 15～18 厘米；叶柄长 1.5～2 厘米。柠檬桉圆锥花序腋生；花梗长 3～4 毫米，有 2 棱；花蕾长倒卵形，长 6～7 毫米；萼管长 5 毫米，上部宽 4 毫米；帽状体长 1.5 毫米，比萼管稍宽，先端圆，有 1 小尖突；雄蕊长 6～7 毫米，排成 2 列，花药椭圆形，背部着生，药室平行。柠檬桉蒴果壶形，长 1～1.2 厘米，宽 8～10 毫米，果瓣藏于萼管内。花期在 4～9 月。

柠檬桉

◆ **生长与繁殖**

柠檬桉喜高温多湿气候，能耐短期 -3℃ 低温和轻霜，不耐严寒。分布在最高海拔为 600 米、年降水量为 600～1000 毫米的地区，喜湿热、深厚、疏松和肥沃土壤。柠檬桉采用种子繁殖或无性繁殖，育种方法主要有杂交育种、分子标记辅助育种。

◆ **栽培管理**

选地与整地

选择离村庄较远、无牲畜践踏、略带黏质的肥沃半砂泥田作柠檬桉育苗地。柠檬桉苗圃地要做到三犁三耙，耙好耙平后，再用人工推平，随后把水排干，待晒至田边微有鸡爪裂痕时，立即起畦。

田间管理

根据柠檬桉各生长阶段的不同要求及环境条件的变化进行。每隔几天视天气情况喷水，保持湿润，6～8天后便可出苗。当柠檬桉苗高3厘米时开始施农家肥；当苗高至17厘米以上时，可停止施肥，等待移植。及时除草，成苗后每年春进行除草松土，除草时勿伤害根茎和叶。夏季以后，以培土为主，防止倒伏。雨天注意排水，一旦积水会造成大片死亡。

病虫害防治

柠檬桉病害主要有溃疡病、苗茎腐病，主要害虫有白蚁、红脚绿金龟子。

◆ 采收与加工

柠檬桉一般采收叶片和果实，通过修枝采叶或萌蘖采叶，每年可采收2～3次。采后的枝叶采用水蒸气蒸馏法提取精油。

◆ 价值

柠檬桉木材纹理较直，易加工，质稍脆，伐后经水浸渍，能提高抗虫害蛀食，是造船的好木材；树皮可提制栲胶和阿拉伯胶。柠檬桉枝叶含精油，是香料工业中重要的原料之一。柠檬桉精油可用于香料，是香皂、香水等用品的重要原料；还具有杀菌作用，可用于医药，具有驱蚊作用，可用于十滴水、清凉油、防蚊油的调配等。

铁刀木

铁刀木是豆科决明属一种常绿乔木。又称黑心树、挨刀树、泰国山扁豆、孟买黑檀、孟买蔷薇木。因材质坚硬刀斧难入而得名。

◆ 分布

铁刀木原产印度、缅甸、泰国、越南、老挝、柬埔寨、斯里兰卡等地海拔 1300 米以下丘陵、河谷、平坝。在中国，铁刀木主要分布在云南、广东、海南、广西、福建等地，其中以云南西双版纳景洪的薪炭林栽培历史较长。

◆ 形态特征

铁刀木树高 10～15 米。树皮深灰色，近光滑，小枝粗壮，稍具棱，疏被短柔毛。铁刀木为偶数羽状复叶，小叶 6～10（～15）对，薄革质，长椭圆形，长 3～7 厘米，宽 1.5～2.5 厘米，顶端圆钝，微凹陷而有短尖头，基部近圆形，上面光滑无毛，下面粉白色，边全缘，托叶早落。铁刀木花为伞房状总状花序，腋生或顶生，花序轴被灰黄色短柔毛；萼片 5 深裂，花径约 2.5 厘米，花瓣 5，黄色，雄蕊 10 枚，7枚发育，3 枚不发育，子房无柄。铁刀木荚果条状，扁平，两端渐尖，长 15～30 厘米，宽 1～1.5 厘米，有种子 10～30 粒，卵圆形。铁刀木花期在 10～11 月，果期在 12 月至翌年 1 月。

◆ 生长习性

铁刀木为热带树种，耐热、喜光、不耐荫蔽，又喜温，凡有霜冻、寒害的地方均不能生长，耐旱、耐湿、耐瘠薄、耐盐碱、抗污染、易移植。

铁刀木适宜温度 23 ～ 30℃，在年平均气温 21 ～ 24℃，极端最低气温 2℃ 以上的热带地区生长最为适宜；在年平均气温 19.5℃ 的南亚热带，极端最低温在 0℃ 以上的地区尚能生长。铁刀木对土壤的要求不严。

◆ 培育技术

铁刀木适合播种育苗。3 ～ 4 月为适宜采种期，种子颜色深褐色，有光泽，千粒重 25 ～ 30 克。新鲜种子发芽率可达 95% 以上，贮藏 3 个月以内的种子发芽率还在 90% 以上。但随贮藏时间延长，发芽率逐渐降低，贮藏 1 年后其发芽率约为 25%。

铁刀木可用直播或植苗造林，植苗造林以 1、2 年生的苗木较为适宜。在中国热带及南亚热带的砖红壤、红壤分布范围内，排水良好的山地、平原均可造林。在土层肥沃的村寨附近，生长更加迅速。铁刀木常用作荒山、四旁绿化的优良先锋树种。铁刀木抗病虫害能力较强，但在种子发芽时常受蚂蚁为害，幼苗易被蟋蟀咬伤。幼林及成林有时受铁刀木粉蝶、褐袋蛾等为害。

◆ 用途

铁刀木木材属散孔材，纹理直，结构略粗，材质中等至坚重。边材黄白色至白色，心材暗褐色至紫褐色，露在大气中呈黑色，又称黑檀。心材坚实耐腐、耐湿、耐用，为建筑和制作工具、家具、乐器等良材。铁刀木易燃、火力强、生长迅速，且萌芽力强，也是良好的薪炭林树种。铁刀木终年常绿、叶茂花美、开花期长、病虫害少，还可用作行道树及防护林树种。铁刀木树皮、荚果含单宁，可提取栲胶。枝上可放养紫胶虫，生产紫胶。

乌 柏

乌柏是大戟科乌柏属植物。又称木蜡树、桊子树、洋辣子树、木子树、虹树、柏子树等。

乌柏是中国特有经济树种，已有 1400 多年的栽培历史，主要分布在黄河以南各省区，北达陕西、甘肃。乌柏生长于旷野、塘边或疏林中。

◆ 形态特征

乌柏属于落叶乔木，速生，高可达 15 米，树皮暗灰色，浅纵裂，小枝纤细。单叶互生，叶片菱形、菱状卵形，长 5 ～ 9 厘米，中绿色，后渐变红色。乌柏花单性，雌雄同株，花序长 6 ～ 14 厘米；雄花花梗纤细，长 1 ～ 3 毫米，向上渐粗；雌花花梗粗壮，长 3 ～ 3.5 毫米。乌柏蒴果梨状球形，成熟时黑色，直径 1 ～ 1.5 厘米，具 3 种子。乌柏种子扁球形，黑色，长约 8 毫米，宽 6 ～ 7 毫米，外被白色、蜡质假种皮。乌柏花期在 4 ～ 8 月，果实在 10 ～ 11 月成熟。

◆ 生长习性

乌柏喜欢温暖环境，

乌柏

不耐寒。适合生长在含水丰富、深厚肥沃的土壤，对酸性、钙质土、盐碱土均能适应。乌柏主根发达，抗风力强，耐水湿。年平均温度 15℃以上时，乌柏能耐短期积水，亦耐旱。乌柏寿命较长。

◆ **采种育苗**

乌桕采种时间通常在 11 月中旬,既可以等种子自然脱落后组织人员地面捡拾,也可以待种子充分成熟后用雨布等材料铺在树冠下的地面上,用高枝剪采摘或用竹竿人为敲打树枝使种子落地后集中收取。乌桕种子采收后进行筛选,去除杂质及劣质种子,将好种子摊于干燥的室内阴干,晾干后放置在空气流通的干燥处储藏,要求种子中的水分含量不超过 7%。储藏期间勤检查,以避免种子发热、发霉并防止鼠害等。乌桕播种前需要去蜡、浸种、催芽。

乌桕播种多在 2 ~ 3 月进行;如果冬季播种,可选择在 12 月至次年 1 月,冬季播种不需要催芽,去蜡后直接播种即可。播种采取条播的方式,提前挖深 5 ~ 8 厘米的沟,控制行距在 40 厘米左右,播种量控制在 50 ~ 130 千克 / 公顷,播种结束后覆一层 2 ~ 3 厘米厚的土,最后再覆盖一层地膜或稻草。乌桕种子出土后人工除草,保持育苗地上没有杂草,土壤疏松湿润。乌桕苗木生长前期多施速效性有机肥,如腐熟的人粪尿等,适当配合磷肥;苗木处于速生前期、中期时增加氮肥的用量,适量施入磷肥;幼苗生长进入后期时适当控制氮肥施用,增加钾肥量。当乌桕苗木的高度达 8 ~ 10 厘米时,即可结合要求合理间苗。遇到降水量少的干旱季节应加强水分管理,勤浇水。

◆ **用途**

乌桕是中国南方重要的工业油料树种,种仁榨取的油可制作油漆、油墨。乌桕叶含有单宁,可作为黑色染料。乌桕种子外被的蜡质可提制

"皮油"，用于制作高级香皂、蜡纸、蜡烛等。乌桕树干材质坚韧，纹理细致，不翘不裂，是做家具和雕刻品的良好材料。乌桕饼可用来做肥料和燃料。乌桕根皮可以治毒蛇咬伤。而且，乌桕树冠整齐，叶形秀丽，秋叶经霜时格外红艳，十分美观，有"乌桕赤于枫，园林二月中"之赞誉，可作为行道树或栽植于景区、森林公园，具有良好的造景效果。

第3章

彩叶树

银　杏

银杏是银杏科银杏属落叶乔木。别称白果、公孙树。银杏在中生代以前在全球广泛分布，有3000多年历史，现存1纲1目1科1属1种，野生稀有。世界上许多国家有引种栽培。

◆ **形态特征**

银杏树高可达40米，胸径达4米。树皮浅灰色或灰褐色，在老树上纵向裂缝；树冠冠状圆锥形至宽卵形；长枝浅棕黄色，最后为灰色，节间（1～）1.5～4厘米；短枝灰黑色，密实，有不规则椭圆形叶瘢痕；冬芽黄棕色，卵形。银杏叶柄柄长3～10厘米，多为5～8厘米；叶片浅绿色，秋天变亮，黄色；在长枝上，叶片常以深的顶端缺裂，常分成2个裂片，分别进一步分离；在短枝上，叶片具有波状边缘。银杏雌雄异株。花粉圆锥形象牙色，长1.2～2.2

银杏树

厘米；花粉囊舟形，缝隙狭窄。银杏种子椭圆形、窄倒卵球形、卵球形或近球形，纵径 2.5 ～ 3.5 厘米，横径 1.6 ～ 2.2 厘米；外种皮草黄色、橙黄色或青绿色，常被白粉，成熟时具有酸臭味；中种皮硬骨质、白色，有 2 或 3 条纵脊；内种皮浅红棕色、膜状。胚乳肉质。银杏开花授粉期在 3 ～ 4 月，种核成熟期在 9 ～ 10 月。

◆ **生长习性**

银杏适宜在排水良好、pH5 ～ 5.5 的黄壤土种植。在中国浙皖交界天目山、渝贵边界大娄山有野生状态古大树。银杏在中国安徽、福建、甘肃、贵州、河南、河北、湖北、江苏、江西、陕西、山东、山西、四川、云南、台湾等地分布广泛，种植海拔达 2000 多米。银杏对气候、土壤的适应性较宽，能在高温多雨及降水稀少、冬季寒冷的地区生长，但生长缓慢或不良，中国除黑龙江、内蒙古、青海、西藏、海南以外，其余各省、市、自治区均有栽培。

◆ **培育技术**

银杏繁殖方式以播种、扦插、嫁接育苗为主。①播种。选择良种催芽，有室内恒温催芽、室外催芽、加温催芽等，春播为主，点播或机械播种，播后覆土 2 ～ 3 厘米。②扦插。穗条选择 30 年以下优株的 1 ～ 3 年生枝条，秋末冬初或早春采条，剪成 15 ～ 20 厘米长插穗，每穗 3 个以上饱满芽，插穗捆扎，用适当浓度的生长调节剂浸泡，3 ～ 4 月进行。插穗露出地面 1 ～ 2 芽，盖土压实，注意保持空气湿度，提倡高温高湿育苗，适时遮阴、追肥、防治病虫害。③嫁接。选择树龄 30 ～ 50 年生优良采穗树的树冠外围、中上部、向阳面的 1 ～ 3 年生枝条作为接穗。

随采随接或以发芽前 10 ～ 20 天采集，剪成 15 ～ 20 厘米长、带 3 ～ 4 个芽的枝段，下部插入干净水桶吸水充足，下端 1/3 埋放室内通风的湿沙中贮藏。萌芽后至秋季落叶前均可进行嫁接，以春季为主。方法有劈接、切接、插皮接、插皮舌接等，成活后进行抹芽除萌、松绑、剪砧、缚梢等管理。

◆ **生态造林**

银杏实生苗造林需 20 年左右时间开花结实，嫁接苗造林则 5 年始实，7 ～ 10 年丰产。银杏造林地要地势空旷、阳光充沛，土层深厚，质地疏松，排水良好，地下水位低的平原和土层深厚肥沃，雨量充沛的丘陵和山地。栽植苗木应选生长健壮、树形端正、根系健全发达、无病虫害的苗木。可以采用矮干密植（行距 2 ～ 4 米，株距 4 米）和乔干稀植（行距 4 ～ 8 米，株距 6 ～ 8 米）方式造林。幼林期注意松土除草、施肥灌溉、间作，整形修剪和花实控制。叶用银杏林选择交通方便，地势平坦，阳光和水源充足，排水良好，土壤深厚肥沃的地方，灌排水系统到位。选择叶产量高、药用成分含量高的品种作为造林材料，利于机械化作业。叶用林需要施用养体肥、萌动肥、壮枝肥、茂叶肥等四时肥。注意根据墒情进行灌排，忌积水，实施矮林作业，提高叶产。材用银杏林优选雄株，采用生长健壮、树形良好、有完整的根系、无病虫害的大苗大穴造林，栽后要适时施肥、灌排、间作和树体整理、间伐。

◆ **用途**

银杏树可以分核用、叶用、材用、花用、观赏用等几大类型。选育的银杏品种、优良株系需要系统整理、测定。银杏木材可用于家具制造，叶子可药用和做农药、肥料，根可药用，树皮产单宁，外种皮用于农药，种仁不宜多食。

山 杨

山杨是双子叶植物纲金虎尾目杨柳科杨属一种乔木。山杨名称最早出自《中国树木分类学》。山杨是中国特有的森林树种，分布广泛，常形成天然次生林。山杨寿龄 60 年左右。

◆ 分布范围

山杨原产于中国。在中国东北、华北、华中、西北及西南各省区山地广泛分布，分布范围在北纬 25° ～ 53°，东经 95° ～ 130°。山杨垂直分布方面，在中国东北，主要分布在海拔 1200 米以下的低山地区；在青海，分布上限为 2600 米左右；在湖北、四川、云南等地，多分布在海拔 2000 ～ 3800 米的山区。

◆ 形态特征

山杨高可达 25 米。树皮光滑，灰绿色或灰白色，老树基部黑色粗糙；树冠圆形。山杨小枝圆筒形，赤褐色。芽卵形或卵圆形，无毛，微有黏质。山杨叶三角状卵圆形或近圆形，长宽近等，长 3 ～ 6 厘米，边缘有密波状浅齿，初生叶红色，萌枝叶大，三角状卵圆形，下面被柔毛；叶柄侧扁，长 2 ～ 6 厘米。山杨花序轴有疏

山杨

毛或密毛；苞片棕褐色，掌状条裂，边缘有密长毛；雄花序长 5 ～ 9 厘米，雄蕊 5 ～ 12，花药紫红色；雌花序长 4 ～ 7 厘米；子房圆锥形，柱头 2 深裂。山杨果序长达 12 厘米；蒴果卵状圆锥形，有短柄，2 瓣裂。花期在 3 ～ 4 月，果期在 4 ～ 5 月。

◆ **生长习性**

山杨的适应性很强，耐寒、耐旱、耐贫瘠土壤，常生长在高海拔的山脊或山坡。山杨对土壤要求不严，在微酸性至中性土壤皆可生长。山杨是典型的阳性树种，作为森林生态系统中的先锋树种，山杨往往在森林遭到破坏之后形成天然次生林，尤其在采伐迹地或火烧迹地，常形成山杨桦木林。山杨克隆繁殖能力强，多以根萌的形式形成块状分布。多倍体变异现象在山杨的天然种群中比较常见，很多研究发现了三倍体山杨。

◆ **培育技术**

山杨多以种子或以根蘖的方式繁殖，扦插不易成活。

◆ **主要用途**

山杨主要作为用材林、水土保持林树种。山杨在荒山绿化和保持水土方面有重要作用；初生叶颜色鲜艳，可作为彩叶树种营造景观。

金叶女贞

金叶女贞是木樨科女贞属落叶或半常绿灌木。金叶女贞分布于中国华北南部、华东、华南等地区。

金叶女贞高 2 ～ 3 米，嫩枝有短柔毛。金叶女贞单叶对生，叶革薄质，椭圆形或卵状椭圆形，先端尖，基部楔形，全缘，有叶柄。新叶金黄，后逐渐变为黄绿色至绿色。金叶女贞圆锥花序顶生，花两性，雄蕊2，小花筒状白色，裂片4。核果椭圆形，黑紫色。金叶女贞花期在5～6月，果期在10月。

金叶女贞喜光，耐阴性较差，耐寒力中等，适应性强，抗旱。对土壤要求不高，以疏松肥沃、通透性良好的砂壤土为宜。萌芽力强，生长迅速，耐修剪。

金叶女贞可作为绿篱和模纹图案材料，常与紫叶小檗、黄杨、龙柏等搭配使用；也可用于绿地广场的组字和小庭院装饰。由于金叶女贞叶色金黄，花为银白色，因此有"金玉满堂"之意。

金叶女贞

紫叶小檗

紫叶小檗是小檗科小檗属落叶灌木，又称红叶小檗。是小檗（日本小檗）的栽培变种。紫叶小檗原产于日本和中国的东北、华北及秦岭。中国各大城市均有紫叶小檗栽培。

紫叶小檗枝丛生，嫩枝紫红色，无毛，老枝暗红色具条棱，表皮具刺。节间长1～1.5厘米。紫叶小檗叶菱状卵形，长5～20（35）毫米，宽3～15毫米，先端钝，基部下延成短柄，全缘，簇生于短枝上。紫叶小檗花2～5朵，形成具短总梗或无总梗近簇生的伞形花序；花瓣红色边缘有红色的纹晕，长圆状倒卵形，长5.5～6毫米，宽约3.5毫米；

先端微缺，基部以上腺体靠近；小苞片带红色，长约2毫米，急尖；外轮萼片卵形，长4～5毫米，宽约2.5毫米，内轮萼片稍大于外轮萼片；雄蕊长3～3.5毫米，花药先端截形。紫叶小檗浆果红色，椭圆体形，含种

紫叶小檗

子1～2颗。花期在4～6月，果熟期在7～10月。

紫叶小檗的适应性强，喜阳光，耐半阴。在光线稍差的环境中或植株密度过大时，部分叶片会返绿。紫叶小檗耐寒，耐修剪，但不畏炎热高温。

紫叶小檗是很好的园林观赏灌木，常用其与常绿树种作块面色彩布置，可用来布置花坛、花境，是园林绿化中色块组合的重要树种。

枫　香

枫香是金缕梅科枫香树属落叶乔木。名出《南方草木状》。

枫香分布于中国黄河以南，西至四川、贵州，南至海南，东至台湾。枫香生长在平原或丘陵地区。

枫香单叶，互生，宽卵形，掌状3裂，边缘有锯齿。有长叶柄，托叶条形，红色，早落。枫香花单性，雌雄同株；雄花成柔荑花序，无花被，雄蕊多数，花丝和花药近等长；雌花25～40，排列成头状花序；萼齿5，钻形，长约8毫米，花后增长；无花瓣，退化雄蕊4，心皮2，

合生，子房半下位，2 室，胚珠多数，花柱 2。枫香聚花果圆球形，直径 2.5 ～ 4.5 厘米，宿存花柱和萼齿针刺状。花期在 3 ～ 4 月，果期在 9 ～ 10 月。

枫香叶

枫香树脂可入药，能解毒止痛，止血生肌；根、叶、果有祛风除湿、通经活络之效。枫香多栽培为荫蔽树及风景树，其叶秋季变红，为著名的红叶树。

白　桦

白桦是桦木科桦木属乔木。产于中国东北、华北、河南、陕西、宁夏、甘肃、青海、四川、云南、西藏东南部。

白桦高可达 27 米。树皮灰白色，分层剥裂。枝条暗灰色或暗褐色，无毛。小枝暗灰色或褐色，无毛亦无树脂腺体，疏被毛和疏生树脂腺体。白桦叶厚纸质，三角状卵形、菱形，顶端锐尖、渐尖，基部截形，边缘具重锯齿；叶柄细瘦，无毛。白桦果序单生，圆柱形或矩圆状圆柱形，下垂，长 2 ～ 5 厘米，直径 6 ～ 14 毫米。序梗细瘦，长 1 ～ 2.5 厘米，密

白桦

被短柔毛，成熟后近无毛。白桦果苞长 5～7 毫米，背面密被短柔毛，至成熟时毛渐脱落，边缘具短纤毛，基部楔形或宽楔形，中裂片三角状卵形，顶端渐尖或钝，侧裂片卵形或近圆形，直立、斜展至向下弯。白桦小坚果狭矩圆形、矩圆形或卵形，长 1.5～3 毫米，宽 1～1.5 毫米，背面疏被短柔毛，膜质翅较果长约 1/3。

　　白桦适应性强，分布甚广，尤喜湿润土壤，为次生林的先锋树种。

　　白桦木材可供一般建筑及制作器具之用，树皮可提桦油。在民间，白桦皮常用以编制日用器具。白桦易栽培，可为庭园树种。

香　椿

　　香椿是楝科香椿属一种植物。又称红椿、椿花、椿甜树。香椿原产于中国，于长江南北地带广泛分布，属中国特有树种。

◆ 形态特征

　　香椿为多年生落叶乔木，树高可达 20 多米。树干通直、树皮红褐色、褐色或淡灰褐色，呈窄条片剥落，分枝少而粗壮，叶痕大而明显，幼枝粉绿色。香椿叶互生，偶数羽状复叶，长可达 20～80 厘米，小叶 8～10 对，对生或近对生，有特殊香味；叶柄红绿色，有浅沟，基部肥大；小叶椭圆状披针形或椭圆形，长 8～15 厘米，全缘或有不明显钝锯齿。香椿花两性，白色，5 数，花盘红色。蒴果倒卵形至长圆形，长 1.5～2.5 厘米，成熟时红褐色至黑褐色，有光亮，先端呈五角状开裂，内有种子数粒，种子近椭圆形，扁平，棕黄色、黄白色或红褐色，长 0.5～0.7 厘米。香椿种子上端具膜状长翅，翅长 1～1.2 厘米，去翅种子近椭圆形或三角形扁平。
花期在 5 ～ 6 月，果成熟期在
10 ～ 11 月。

香椿嫩叶

◆ **生长习性**

香椿是生态幅度较广的树
种，主要分布在亚热带至暖温带
地区。在中国，根据自然地形可分为岭南山脉以南地区、岭南至秦岭地
区和岭南、淮河以北地区。对应 3 个气候区形成了相应的 3 个香椿生态
类型：华南生态型、华中生态型和华北生态型。3 种生态型在形态特征、
生态适应性方面具有明显差异。其树干颜色分别为深红色、浅红褐色和
褐色；生长期分别为 240 天、236 天和 217 天。

香椿喜温，对气温反应比较敏感。在年平均气温 8 ～ 23℃ 的地区
都可栽培，以年平均气温 12 ～ 16℃、绝对最低气温 -20℃ 以上地区生
长最适应。抗寒能力随苗树龄的增加而提高。香椿喜光，较耐湿，对
土壤的适应性较广，在酸性土、中性土、钙质土和含盐量在 0.15% 以
下的轻盐碱地上均可正常生长，以砂壤土为好，适宜的土壤酸 pH 为
5.5 ～ 8.0。

◆ **用途**

香椿全树可利用，嫩芽、叶、木材、种子、树皮及根皮都有较高的
开发利用价值，嫩芽、叶是优良的木本蔬菜，可食用，香气浓郁、质脆、
多汁，含有丰富的营养物质及微量元素。香椿为速生珍贵用材树种，其
心、边材区别明显，纹理通直、结构中至略粗，有光泽，花纹美观，径

面呈暗黑色长条纹，可用于制作高级家具、室内装饰、雕刻及工艺品等，也可做建筑、船舶、车辆、农具及文具等用材。香椿根皮、叶、果实均可入药，根皮含川楝素、甾醇、油脂、鞣质等，性味苦涩、温、无毒。香椿花期长，泌蜜多，是较好的蜜源植物。香椿也可做绿化树种。

水　杉

水杉是裸子植物门柏目柏科水杉属唯一现存种。中国特产的珍贵孑遗树种，第一批列为中国国家一级保护植物的稀有植物，有植物王国"活化石"之称。

◆ 地理分布

水杉分布于中国湖北、重庆、湖南三省交界的利川、石柱、龙山三地的局部地区，地理位置为北纬 29° 25′ ～ 30° 10′，东经 108° 20′ ～ 109° 30′。垂直分布一般为海拔 750 ～ 1500 米。远在中生代白垩纪，地球上已出现水杉类植物，并广泛分布于北半球；冰期以后，这类植物几乎全部绝迹。在欧洲、北美和东亚，从晚白垩至上新世的地层中均发现过水杉的化石。

◆ 形态特征

水杉为落叶大乔木，高可达 35 米，胸径可达 2.5 米。幼时树冠尖塔形，老树则为广圆头形。水杉树皮灰色或灰褐色，浅裂成狭长条脱落，内皮淡紫褐色；大枝近轮生，小枝对生，下垂，一年生枝淡褐色，二、三年生枝灰褐色，枝的表皮层常成片状剥落，侧生短枝长 4 ～ 10 厘米，冬季与叶俱落。水杉叶扁平条形，长 1 ～ 2 厘米，宽 1.5 ～ 2 毫米，淡绿色，表面中脉凹，背面隆起，每边 4～8 条气孔线，交互对生成两列，羽状，冬季与侧生无芽的小枝一起脱落。水杉雌雄同株，球花单性；雄球花单生于叶腋或枝顶，排成总状或圆锥花序，有很短的柄，雄蕊 20，交互对生，各有 3 个花药；雌球花单生于上年生枝顶或近枝顶，有短柄，珠鳞 22～28，交互对生。水杉球果下垂，近四棱圆球形或短圆柱形，有长柄，长 1.8～2.5

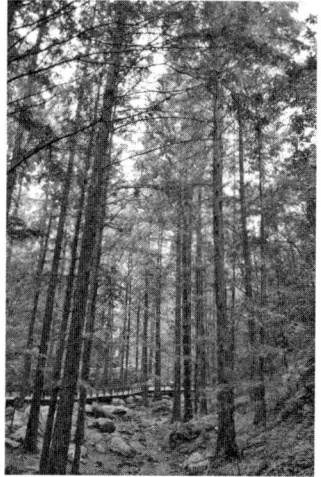
水杉

厘米，熟时深褐色；种鳞木质，盾形，鳞顶扁菱形，中央有一条横槽，宿存，交互对生，通常为 22～28 个；中部种鳞各有种子 5～9 粒。水杉种子倒卵形，扁平，周围有窄翅，先端有凹缺，子叶 2 枚。花期在 2 月下旬，球果在 11 月成熟。

◆ 濒危等级

水杉为中国国家一级濒危保护植物。《世界自然保护联盟濒危物种红色名录》（2013）将其列为濒危物种（EN）。

◆ 经济意义

水杉可于公园、庭院、草坪、绿地中孤植、列植或群植，也可成片栽植营造风景林，并适配常绿地被植物，还可栽于建筑物前或用作行道树，效果均佳。水杉对二氧化硫有一定的抵抗性，是工矿区绿化的好树种。水杉材质淡红褐色，轻软，美观，但不耐水湿，可供建筑、板料及室内装饰。

◆ **水杉的发现**

水杉从发现到首次定名，经历了一段漫长而曲折的过程。水杉属植物曾在中生代白垩纪及新生代广泛分布于北半球，然而绝大部分物种已经绝灭。1941年，日本古生物学家三木茂经过仔细研究，认为以往被鉴定为红杉或落叶松的部分化石与现生红杉和落叶松有明显差异，从而建立了水杉这个古植物新属。

1941年冬，中国森林学学者干铎在湖北省利川县（今利川市）谋道镇偶然发现一棵当地人称为水桫（当地人将"杉"读"桫"）的古树。1943年，当时的中央林业实验所技工王战于磨刀溪采集到该古树的枝叶和果实标本。经鉴定，王战认为是水松。然而，郑万钧依据形态特征断定此标本绝非水松。后来，郑万钧连续两次派人前往谋道镇，最终取得完整的模式标本。然后，他将标本资料寄给胡先骕，共同研讨。胡先骕在助手傅书遐的帮助下，查出该树种和三木茂从植物化石中定名的水杉同为一属，于是由胡先骕、郑万钧两人共同将该标本定名为水杉，并于1948年5月在静生生物调查所《汇编（新编）》第一卷第二期联名发表，明确了中国活化石——水杉的存在。

美国古生物学家 R.W. 钱耐于1948年专程来到中国，与郑万钧一同前往谋道镇考察"天下第一杉"，并在1949年的《科学》杂志上发表论文，在全球植物学界引起轰动。

◆ **水杉的保护**

1948年水杉正式命名的同时，也得到了中国和世界的重视。1948年5月，中华民国政府在南京中央博物院正式成立"中国水杉保存委员会"。同年 7 月，筹设"川鄂水杉保护区"。但不久后，由于时局变动该委员会随之解散。

1949 年中华人民共和国成立后，林业部将水杉列为国家一级保护树种。1973 年，利川县人民政府在水杉原生古树分布较集中的小河村设立了"利川水杉母树管理站"，专门从事站内 5746 棵古水杉的保护和研究工作。这 5000 多株水杉母树每年产籽 1000 千克左右。利川水杉母树管理站在中国林木种子公司和湖北省林木种子公司的支持下，对水杉进行无性系繁殖研究，并取得成功。已采集水杉种子有 1.8 万千克，培育水杉实生苗 4.45 亿株，培育扦插苗 1.6 亿株。从发现水杉以来，这个古老的化石树种表现出极强的生命力和适应性。在中国，北起辽宁、北京、陕西延安，南到两广和云贵高原，东起东海和台湾，西到四川盆地，都已栽培成功。2003 年 6 月，湖北省星斗山国家级自然保护区正式成立，包括"水杉王"在内的 5700 多株原生水杉都纳入了保护区范围。2006 年，"中国水杉植物园"正式建立，为水杉生长创造了更好的环境，而水杉的引种栽培也已从中国逐渐发展到世界 80 多个国家，遍及亚、非、欧、美等洲。

榉 树

榉树是榆科榉属落叶大乔木。榉树属中国国家二级保护植物。

榉树主要分布于中国淮河流域、秦岭以南的长江中下游各地，南至广东、广西，西至贵州及云南东南部。榉属共约 6 种，中国有 4 种，除该种外，还有台湾榉、大叶榉、大果榉，均为重要的用材树种。

◆ **形态特征**

榉树高可达 25 ～ 30 米，树冠广阔。幼时树皮青紫色，后渐变为灰褐色，不开裂，老时树皮呈薄片状剥落。小枝密被柔毛。榉树单叶互生，叶椭圆状卵形、椭圆形或窄卵形，叶缘具单锯齿。榉树花单性，稀杂性，雌雄同株，雄花簇生于新枝下部，雌花单生或 2 ～ 3 簇生于新枝上部。榉树坚果，上部歪斜，果皮有皱纹。花期在 4 月，果期在 10 ～ 11 月。

◆ **生长习性**

榉树为阳性中等喜光树种，喜温暖气候和深厚、肥沃、湿润的土壤，忌积水。榉树对土壤 pH 适应性较强，在微酸性、中性、石灰质土及轻度盐碱土上均可较好地生长。榉树抗寒性、抗热性较强，在最低气温 -12℃，最高温 40℃ 时仍能较好地生长。榉树为深根性树种，侧根发达，树枝坚韧，在台风较多的沿海地区是重要的防风林树种。

榉树幼苗期生长稍慢，6 ～ 7 年后生长加快，可持续生长 70 ～ 80 年。10 ～ 15 年左右，榉树开始结实，大小年现象明显，种子中空粒比较多。一般在 10 月中下旬开始采种，通常需待种子自然落下时地面扫集，或于无风天将其敲落地面收集。宜随采随播。贮存的种子需将含水量降到 13% 以下。

◆ **培育技术**

榉树常采用播种育苗法繁殖。干藏种子播前需浸种 2 ～ 3 天，除去上浮瘪粒，下沉种子晾干后条播，行距 20 厘米。播种量一般每亩 6 ～ 10 千克。播后覆土、盖草，保持苗床土壤湿润。出苗后要及时揭草、间苗、松土、除草，视墒情和苗情进行灌溉和追肥，并注意防治蚜虫和大袋蛾危害。

也可以采用硬枝或嫩枝扦插方式繁殖榉树。合轴分枝，苗期应及时做好修枝工作。苗根细长而韧，起苗时要先将四周苗根切断，然后再挖取，避免拉破根皮。造林地宜选择坡度30°以下的低山丘陵区或土壤肥沃、保水较好的群山中下部。3月上旬左右，选取无风阴天或小雨天造林。栽植时要根系舒展不弯曲，深度为土痕之上3～6厘米为好。幼林郁闭后要及时间伐，防止植株过密，影响生长。

◆ 用途

榉树树形优美，耐烟尘能力强，秋叶呈黄、红、橙等多种颜色，是城乡园林绿化的较好树种。榉树木材为环孔材，纹理直，光泽美丽，强韧硬重，是高档家具

道路两边的榉树

及装饰主要用材。明清红木家具未成熟之前，江南地区广泛用大叶榉制作传统家具，民间流传着"无榉不成俱"的说法。榉木坚实耐水湿，耐磨性强，是优良的船舶桥梁用材。榉树茎皮富含纤维，可用于造纸。

银白杨

银白杨是被子植物门双子叶植物纲金虎尾目杨柳科杨属一种乔木，是世界著名的园林绿化树种。银白杨寿龄在100年以上。

◆ 分布范围

银白杨原产于欧亚大陆。在中国，仅在新疆额尔齐斯河及其支流乌伦古河、克朗河、哈巴河、布尔津河的河湾及河漫滩地有野生种群，但

在辽宁、山东、河南、河北、山西、陕西、宁夏、甘肃、青海等省、自治区有引种栽培，尤其是在新疆有大规模人工栽培。银白杨在欧洲、北非、中亚、俄罗斯也有分布。

◆ 形态特征

银白杨高 15 ～ 30 米。树干歪斜，树冠宽阔。树皮白色至灰白色，下部常粗糙。小枝初被白色绒毛，圆筒形，灰绿或淡褐色。银白杨长枝叶卵圆形，掌状 3 ～ 5 浅裂，长 4 ～ 10 厘米，宽 3 ～ 8 厘米，初时两面被白绒毛，后上面脱落；短枝叶较小，长 4 ～ 8 厘米，宽 2 ～ 5 厘米，卵圆形或椭圆状卵形，边缘有不规则且不对称的钝齿牙；上面光滑，下面被白色绒毛；叶柄略侧扁，被白绒毛。银白杨雄花序长 3 ～ 6 厘米；花序轴有毛，苞片宽椭圆形，边缘有不规则齿牙和长毛；雄蕊 8 ～ 10，花丝细长，花药紫红色；雌花序长 5 ～ 10 厘米，花序轴有毛，花柱短，柱头 2。银白杨蒴果细圆锥形，长约 5 毫米，2 瓣裂，无毛。

◆ 生态习性

银白杨是耐严寒、喜光照、耐大气干旱的树种。可忍受最低 -40℃（新疆阿勒泰）和最高 45℃（新疆吐鲁番）的极端温度，也可忍受年降水量 50 毫米以下、年蒸发量 4000 毫米以上的极干旱环境。但在年降水量 400 毫米以上的温带地区，银白杨生长不良，常受病虫危害。银白杨喜河流沿岸湿润松散、排水良好的湿润土壤，在黏性土壤或沙地上生长不良。有一定的耐盐碱性，在 0.4% 的土壤盐分下生长良好。

◆ 培育技术

银白杨以根蘖和扦插繁殖为主。

◆ **主要用途**

银白杨主要用途有防护、园林绿化。银白杨以其银白色的叶片而闻名，常被栽培用作观赏树种。由于银白杨具有一定的耐盐性，也常栽培于海滨沙丘起水土保持作用。

胡　杨

胡杨是被子植物门双子叶植物纲金虎尾目杨柳科杨属一种。又称胡桐。胡杨适应内陆地区干旱气候，是中国西北荒漠地区广泛分布的树种。胡杨寿龄 200 年以上。

◆ **分布范围**

胡杨原产于中亚、中东、北非及中国西北部。在世界上，胡杨的主要分布区在中亚、西亚以及北非。中国西北部干旱荒漠地区有胡杨分布，主要在新疆、甘肃、青海、内蒙古（西北部）等省、自治区，其中胡杨天然林主要集中在南疆塔里木盆地。

◆ **形态特征**

胡杨为乔木，高 10～15 米，稀灌木状。树皮淡灰褐色，下部条裂；萌枝细，圆形。芽椭圆形，光滑，褐色，长约 7 毫米。苗期和萌枝叶披针形或线状披针形，全缘或不规则的疏波状齿牙缘；成年树小枝泥黄色，枝内富含盐分，嘴咬有咸味。胡杨叶形多变化，卵圆形、卵圆状披针形、三角状卵圆形或肾形，先端有粗齿牙，基部楔形、阔楔形、圆形或截形，有 2 腺点；叶两面同色；叶柄微扁，约与叶片等长，萌枝叶柄极短，长仅 1 厘米。胡杨雄花序长 2～3 厘米，轴有短绒毛，雄蕊 15～25，花药紫红色，花盘膜质，边缘有不规则牙齿；苞片略呈菱形，长约 3 毫米，上部有疏牙齿；雌花序长约 2.5 厘米，子房长卵形，被短绒毛或无毛，子房柄约与子房等长，柱头 3，2 浅裂，鲜红或淡黄绿色。胡杨果序长达 9 厘米，蒴果长卵圆形，长 10 ～ 12 毫米，2 ～ 3 瓣裂。花期在 5 月，果期在 7 ～ 8 月。

胡杨

◆ **生长习性**

胡杨是生长在荒漠地区的长寿树种，对干旱气候有很强的适应性，其习性主要表现在以下 5 个方面：①喜光。胡杨是荒漠河滩裸地上成林的先锋树种，幼树在郁闭的林下生长不良。②喜温耐寒耐高温。胡杨分布范围的年平均气温在 5 ～ 13℃，可耐受 -35℃ 的极端低温和 40℃ 的极端高温，能够适应 ≥ 10℃ 年积温在 2000 ～ 4500℃·日的温带荒漠气候，在年积温 4000℃·日以上的暖温带生长最为旺盛。③耐盐碱。胡杨是一种泌盐植物，植株含盐量很高；在土壤含盐量在 2% 以下时胡杨能正常生长，2% ～ 3.5% 时生长较好，3.5% ～ 5% 时生长受到抑制。④喜湿润、耐大气干旱。胡杨侧根发达，主要依靠侧根吸收土壤水分；叶厚，革质，表面有蜡质覆盖，小枝具蜡质且有短毛，这些性状有利于减少植株水分的散失。⑤耐风沙、耐腐蚀。胡杨的侧根发达而庞大，加之树干短粗，树冠稀疏，不容易被风吹倒；胡杨树皮较厚，木材耐腐蚀能力强，因此在新疆胡杨有着"千年不死，死后千年不倒，倒后千年不朽"的说法。

◆ **培育技术**

胡杨主要靠种子繁殖，扦插繁殖较难。

◆ **主要用途**

胡杨主要作为防护林、用材林树种。胡杨的木质坚硬耐腐，可用作建筑和家具用材；树叶富含蛋白质，营养丰富，可做饲料使用；木材纤维长，是优良的造纸原料。

变叶木

变叶木是大戟科变叶木属小乔木。又称变色月桂、洒金榕。变叶木原产于亚洲马来半岛至大洋洲区域，在中国南部、热带区域多有栽培。

变叶木枝条无毛，枝上有明显叶痕。变叶木叶薄革质，形状变异多样，叶形有线状披针形、披针形、长圆形、椭圆形、卵形、匙形、提琴形至倒卵形；叶片有时在中部被中脉分割为上下两片；叶长 5 ～ 30 厘米，宽 0.5 ～ 8.0 厘米，顶端短尖、渐尖至圆钝，基部楔形、短尖至钝，边全缘、浅裂至深裂，两面无毛，绿色、淡绿色、紫红色、紫红与黄色相间、黄色与绿色相间，或有时在绿色叶片上散生黄色或金黄色斑点或斑纹；叶柄长 0.2 ～ 2.5 厘米。变叶木总状花序腋生，雌雄同株异序，长 8 ～ 30 厘米。蒴果近球形，稍扁，无毛，

变叶木

直径约 9 毫米。种子长约 6 毫米。变叶木花期在 9 ～ 10 月。

变叶木是热带、亚热带地区常见的观叶植物，可配植于花坛、花境中。

胡颓子

胡颓子是胡颓子科胡颓子属常绿灌木。又称蒲颓子、半含春、卢都子、雀儿酥、甜棒子、牛奶子根、石滚子、四枣、半春子、柿模、三月枣、羊奶子。

胡颓子产于中国江苏、浙江、福建、安徽、江西、湖北、湖南、贵州、广东、广西，在日本也有分布。胡颓子生长于海拔 1000 米以下的向阳山坡或路旁。

◆ 形态特征

胡颓子高 3 ～ 4 米，具刺，刺顶生或腋生。幼枝微扁棱形，密被锈色鳞片，老枝鳞片脱落，黑色，具光泽。胡颓子叶革质，椭圆形或阔椭圆形，稀矩圆形，

胡颓子

长 5 ～ 10 厘米，宽 1.8 ～ 5 厘米，两端钝形或基部圆形，边缘微反卷或皱波状，上面幼时具银白色和少数褐色鳞片，成熟后脱落，具光泽，干燥后褐绿色或褐色，下面密被银白色和少数褐色鳞片。胡颓子果核内面具白色丝状棉毛。花期在 9 ～ 12 月，果期在次年 4 ～ 6 月。胡颓子已有一些金叶（叶片边缘金黄色或叶片中间金黄色）、银叶的园艺品种。

◆ 生长习性

胡颓子抗寒力比较强,在中国华北南部可露地越冬,能忍耐 -8℃ 左右的绝对低温,耐高温酷暑。胡颓子不怕阳光暴晒,也具有较强的耐阴力。对土壤要求不严,在中性、酸性和石灰质土壤均能生长,耐干旱和瘠薄,不耐水涝。胡颓子喜湿润气候,但耐盐性、耐旱性和耐寒性也佳,抗风能力强。

◆ 繁殖方式

胡颓子可采用种子繁殖或扦插繁殖。①种子繁殖。每年 5 月中下旬将果实采下后堆积,当果实腐烂后,将种子洗干净,立即播种。采用开沟条播法,行距 15 ~ 20 厘米,覆土厚 1.5 厘米,播后盖草保墒。播种后已进入夏季,气温较高,一个多月即可全部出齐,应立即搭棚遮阴,当年追肥 2 次,翌年早春分苗移栽,再培养 1 ~ 2 年即可出圃。②扦插繁殖。扦插多在 4 月上旬进行,选择发育良好、粗细适中的 1 ~ 2 年生枝条做插穗,插穗每段长 8 ~ 10 厘米,保留 1 ~ 2 枚叶片,入土深 1/3 ~ 1/2。如在露地苗床扦插须搭棚遮阴,2 个月左右生根,可继续在露地苗床培养大苗,也可上盆培养。

◆ 用途

胡颓子株型自然,红色果实下垂,有较高的观赏价值,适于草地丛植,也用于林缘、树群外围作自然式绿篱。胡颓子果实味甜可食用,根、叶、果实均供药用。胡颓子主要化学成分有挥发油、萜类、生物碱、黄酮等,药理活性主要有降血糖、降血脂、抗脂质氧化、抗炎镇痛、免疫等。

第 **4** 章

庭荫树

梓 树

梓树是被子植物门双子叶植物纲唇形目紫葳科梓属的一种。名出《神农本草经》。

梓树分布于中国长江流域及以北地区，日本亦有分布。梓树多栽培于村庄附近及公路两旁，野生者已不可见。

梓树为落叶乔木，高达 15 米。树冠伞形，主干通直，嫩枝具稀疏柔毛。梓树叶对生或近于对生，有时轮生，阔卵形至近圆形，长宽近相等，约为 25 厘米，顶端渐尖，基部心形，全缘或浅波状，常 3 浅裂，上面及下面均粗糙，微被柔毛或近于无毛，侧脉 4～6 对，基部掌状脉 5～7 条。叶柄长 6～18 厘米。梓树顶生圆锥花序；花序梗微被疏毛，长 12～28 厘米；花萼蕾时圆球形，二唇开裂，长 6～8 毫米；花冠钟状，淡黄色，内面具 2 黄色条纹及紫色斑点，长约

梓树

2.5 厘米，直径约 2 厘米；能育雄蕊 2，花丝插生于花冠筒上，花药叉开；退化雄蕊 3；子房上位，棒状；花柱丝形，柱头 2 裂。梓树蒴果线形，下垂，长 20 ～ 30 厘米，粗 5 ～ 7 毫米。梓树种子长椭圆形，长 6 ～ 8 毫米，宽约 3 毫米，两端具有平展的长毛。

梓树为速生树种，古代因其速生即多种植，为薪炭用材，今为观赏树、庭荫树、行道树。梓树木材轻软，材质优良，可供建筑及制作乐器。梓树嫩叶可食，根皮、树皮入药，为中药梓白皮，有利尿作用，可作利尿剂，治肾病、肾气膀胱炎、肝硬化、腹水，也可用于消肿解毒，外用煎洗治疥疮、杀虫。

合　欢

合欢是豆科合欢属落叶乔木。合欢原产于亚洲及非洲，分布于中国自黄河流域至珠江流域的广大地区。

合欢高可达 16 米，树冠扁圆形，常呈伞状。小枝有棱角，嫩枝、花序和叶轴被绒毛或短柔毛。合欢 2 回偶数羽状复叶，总叶柄近基部及最顶 1 对羽片着生处各有 1 枚腺体；羽片 4 ～ 12 对，小叶 10 ～ 30 对，线形至长圆形，长 6 ～ 12 毫米，宽 1 ～ 4 毫米，中脉紧靠上边缘，叶背中脉处有毛。合欢头状花序于枝顶排成圆锥花序；花粉红色，花萼

合欢

管状，裂片三角形，长 1.5 毫米，花萼、花冠外均被短柔毛。合欢荚果带状，长 9 ～ 15 厘米，宽 1.5 ～ 2.5 厘米，嫩荚有柔毛，老荚无毛。花期在 6 ～ 7 月，果期在 8 ～ 10 月。

合欢喜光，耐寒性稍差，耐干旱、瘠薄，对土壤要求不严，不耐水涝。合欢常采用播种法繁殖。

合欢可作城市行道树、观赏树，也可作庭荫树，植于林缘、房前、草坪、山坡等地。合欢树皮及花可入药，有安神、活血、止痛等功效。合欢木材纹理通直，质地细密，可作家具、农具等的用材。

三角枫

三角枫是槭树科槭属落叶乔木。是中国原产树种，长江中下游地区、黄河流域多有栽培。

三角枫高 5 ～ 10 米。树皮褐色或深褐色，粗糙。小枝细瘦，当年生枝紫色或紫绿色，近于无毛；多年生枝淡灰色或灰褐色，稀被蜡粉。三角枫冬芽小，褐色，长卵圆形，鳞片内侧被长柔毛。三角枫叶纸质，基部近于圆形或楔形，外貌椭圆形或倒卵形，长 6 ～ 10 厘米，通常浅 3 裂，裂片向前延伸，稀全缘，

三角枫

中央裂片三角卵形，急尖、锐尖或短渐尖；侧裂片短钝尖或甚小，以至于不发育，裂片边缘通常全缘，稀具少数锯齿；裂片间的凹缺钝尖；上

面深绿色，下面黄绿色或淡绿色，被白粉，略被毛，在叶脉上较密；初生脉 3 条，稀基部叶脉也发育良好，致成 5 条，在上面不显著，在下面显著；侧脉通常在两面都不显著。叶柄长 2.5～5 厘米，淡紫绿色，细瘦，无毛。三角枫花期在 4 月，果期在 8 月。

三角枫喜光，稍耐阴，喜温暖湿润气候，稍耐寒，较耐水湿，耐修剪。树系发达，根蘖性强。

三角枫秋叶暗红色或橙色。宜作庭荫树、行道树及护岸树种，也可栽作绿篱。

榕　树

榕树是桑科榕属大乔木。别称细叶榕、万年青、榕树须。

榕树产于中国台湾、浙江（南部）、福建、广东（及沿海岛屿）、广西、湖北（武汉至十堰）、贵州、云南。榕树在斯里兰卡、印度、缅甸、泰国、越南、马来西亚、菲律宾、日本、巴布亚新几内亚和澳大利亚北部、东部直至加罗林群岛也有分布。

◆ 形态特征

榕树植株高达 15～25 米，胸径达 50 厘米，冠幅广展；老树常有锈褐色气根。树皮深灰色。榕树叶薄革质，狭椭圆形，长 4～8 厘米，宽 3～4 厘米，先端钝尖，基部楔形，表面深绿色，干后深褐色，有光泽，全缘，基生叶脉延长，侧脉 3～10 对；叶柄长 5～10 毫米，无毛；托叶小，披针形，长约 8 毫米。榕树隐头状花序，雌雄同株，雄花、雌花、瘿花同生于肉质花序托（榕果）内壁，花间有少许短刚毛；雄花无柄或具柄，散生内壁，花丝与花药等长；雌花花被片 3，广卵形，花柱近侧生，柱头短，棒形；瘿花似雌花，为榕小蜂寄生，花柱粗短。榕果成对腋生或生于已落叶枝叶腋，成熟时黄色或微红色或暗红色，扁球形，直径 6 ～ 8 毫米；基生苞片 3 枚，广卵形，宿存。榕树花期在 5 ～ 6 月。

榕树

◆ **生长习性**

榕树虽能年年结实，但种子非常细小，脱粒也非常困难，因此多采用扦插或压条繁殖。榕树的适应性强，喜疏松肥沃的酸性土，在瘠薄的砂质土中也能生长，在碱土中叶片黄化。榕树不耐旱，较耐水湿。在干燥的气候条件下生长不良，在潮湿的空气中能发生大量气生根，使观赏价值大大提高。榕树喜阳光充足、温暖湿润气候，不耐寒，除华南地区外多作盆栽。榕树对土壤要求不严，在微酸和微碱性土中均能生长，怕烈日暴晒。

◆ **用途**

榕树具有很好的经济价值、药用价值和观赏价值。树皮纤维可制渔网和人造棉，气根、树皮和叶芽作清热解表药。在中国华南和西南等亚热带地区可用榕树来美化庭园，从树冠上垂挂下来的气生根能为园林环境创造出热带雨林的自然景观。大型盆栽植株通过造型可装饰厅、堂、馆、舍，也可在小型古典式园林中摆放；树桩盆景可用来布置家庭居室、办公室及茶室，也可常年在公共场所陈设。榕树亦可作为行道树、孤植树观赏。

杜 松

杜松是柏科刺柏属常绿灌木或小乔木。又称刚桧、崩松、棒儿松、普圆柏、软叶杜松。杜松分布于中国黑龙江、吉林、辽宁、内蒙古、河北北部、山西、陕西、甘肃及宁夏等省（自治区），在朝鲜、日本也有分布。

杜松高达 10 米，树冠圆柱形，老时圆头形。大枝直立，小枝下垂。杜松三叶轮生，条状刺形，质厚，坚硬，端尖，叶面凹下成深槽，槽内有一条窄白粉带，背面有明显的纵脊。杜松球果，成熟时呈淡褐黄色或蓝黑色，被白粉。杜松种子近卵形，顶端尖，有 4 条不显著的棱。

杜松

杜松为强阳性树种，稍耐阴、耐干旱、耐严寒，喜冷凉气候。杜松为深根性树种，对土壤的适应性强，耐干旱瘠薄土壤，能在岩缝中顽强生长，可以在海边干燥的岩缝间或沙砾地生长。杜松一般采用种子播种法繁殖。将果实晾晒十几天后，用石块进行揉搓，除去果皮、果肉，选出种子。杜松的种皮坚硬，透水性差，所以用强迫高温浸种的方法打破种子的休眠。首先，用高锰酸钾溶液浸种灭菌后，捞出洗净，用 80℃ 的热水进行浸种。浸种 3 天后，再用 40℃ 的温水浸种 7 ～ 10 天后进行沙藏。其间，可以进行变温混沙或低温层积催芽。种子经过一冬的沙藏后已吸水膨胀，3 月下旬可将种子搬出室外。随着气温回升，种子很快萌动，有部分种子裂开后即可播种。

杜松可作为园林绿化树种，其枝叶浓密下垂，树姿优美。北方各地栽植杜松为庭园树、风景树、行道树和海崖绿化树种。杜松适宜于公园、庭园、绿地、陵园墓地的孤植、对植、丛植和列植，还可以栽植绿篱、盆栽或制作盆景，供室内装饰。杜松果实入药，有利尿、发汗、祛风等效用。木材坚硬，边材黄白色，心材淡褐色，纹理致密，耐腐力强，可作工艺品、雕刻品、家具、器具及农具等用材。

红毛丹

红毛丹是无患子科韶子属高大常绿树种，是一种热带珍稀水果。红毛丹原产于马来西亚和印度尼西亚，现广泛分布于泰国、缅甸、印度、越南和新加坡等亚洲地区。中国台湾地区于 19 世纪初开始引种栽培红毛丹，台湾，海南保亭、三亚及云南西双版纳等地有少量种植。

◆ **形态特征**

红毛丹雌雄异花，有时有两性花。雌雄同株与雌雄异株的红毛丹植株同时存在，栽培种主要是雌雄异株。雌雄同株的植株在同一花序上同时有雌花和雄花，能授粉，但受精后果实发育经常不正常。雌花不授粉能产生无融合种子。红毛丹果实球

红毛丹

形、椭圆形或倒卵形，直径 5 厘米左右，长 5～6 厘米，具柔软的肉刺，似栗子的外壳。刺的基部膨大，尖端稍微弯曲。

红毛丹有 15 个以上变种，根据果皮鲜红至橙红色、黄色、绿色等不同颜色来区分不同品种，也可根据果肉和种子是否容易分离来分类。中国海南已选育出 BR1、BR2、BR3 等品系。

◆ **生长习性**

红毛丹性喜高温多湿，要求年平均温度在 24℃ 以上，不耐旱、寒、瘠薄等，对低温敏感，一般要求最低温度为 10℃。花季如遇干热风会影响坐果，果实发育期间如遇干旱会影响果实发育生长。

◆ **繁殖技术**

红毛丹可以用种子繁殖或芽接无性繁殖。马来西亚红毛丹苗木一般采取补片芽接法，泰国红毛丹苗木采用劈接法和补片芽接两种方法。除去假种皮并洗净的新鲜种子发芽很快，两周内会长成具有两片真叶的实生苗。红毛丹种子不能在一般的条件下贮存，室温下约几天即失去生活力。

◆ **价值与用途**

红毛丹果实通常作水果生食，果实食用部分为假种皮。红毛丹果肉肥厚多汁，富含磷、镁、硫、钙、锌、铁和锰，风味极佳。果壳含抗氧化和抗菌活性成分，具有极高的食用价值和药用价值。红毛丹果肉适宜制造果子酱，也可酿酒。种子可以烤食或用于提取油脂。种仁含有与可可脂相类似的可食用脂肪酸，也可用于制作肥皂或蜡烛。红毛丹果皮、叶、根和树皮可用作草药，新梢可作染料。此外，红毛丹也可作为庭园树和行道树栽植。

楝

棟是棟科棟属落叶乔木。又称苦楝、楝树。楝产自中国除西北和东北以外的大部分地区，南亚、东南亚、澳大利亚和太平洋岛屿亦有分布。楝生于海拔 500～2100 米的常绿阔叶落叶混交林、疏林、旷野或路边。

棟植株高达 10 余米。树皮灰褐色，纵裂；分枝广展。小枝有叶痕。棟叶为 2～3 回奇数羽状复叶，长 20～40 厘米；小叶对生，卵形、椭圆形至披针形，顶生一片通常略大，长 3～7 厘米，宽 2～3 厘米，先端短渐尖，基部楔形或宽楔形，稍偏斜，边缘有钝锯齿，幼时被星状毛，后两面均无毛，侧脉每边 12～16 条，广展，向上斜举。楝圆锥花序约与叶等长，无毛或幼时被鳞片状短柔毛；花芳香；花萼 5 深裂，裂片卵形或长圆状卵形，先端急尖，外面被微柔毛；花瓣淡紫色，倒卵状匙形，长约 1 厘米，两面均被微柔毛，通常外面较密；雄蕊管紫色，无毛或近无毛，长 7～8 毫米，有纵细脉，管口有钻形、2～3 齿裂的狭裂片 10 枚，花药 10 枚，着生于裂片内侧，且与裂片互生，长椭圆形，顶端微凸尖；子房近球形，5～6 室，无毛，每室有胚珠 2 颗，花柱细长，柱头头状，顶端具 5 齿，不伸出雄蕊管。楝核果球形至椭圆形，长 1～2 厘米，宽 8～15 毫米，内果皮木质，4～5 室，每室有种子 1 颗。楝种子椭圆形。花期在 4～5 月，果期在 10～12 月。

楝

楝多采用种子或扦插繁殖。楝在湿润的沃土上生长迅速，对土壤要求不严，在酸性土、中性土与石灰岩地区均能生长，是平原及低海拔丘陵区的良好造林树种，在村边路旁种植更为适宜。

楝具有很好的园林价值和经济价值。楝树形优美，枝条秀丽，在春夏之交开淡紫色花，香味浓郁；耐烟尘，抗二氧化硫能力强，并能杀菌。楝适宜作庭荫树和行道树，是良好的城市及矿区绿化树种。楝与其他树种混栽，能对树木虫害起到防治作用。在草坪中孤植、丛植或配植于建筑物旁都很合适，也可种植于水边、山坡、墙角等处。

黄连木

黄连木是漆树科漆树族黄连木属植物。又称木黄连、黄连芽、木萝树、田苗树、黄儿茶、鸡冠木、烂心木、鸡冠果、黄连树、药树、茶树、凉茶树、岩拐角、黄连茶、楷木。

黄连木主要分布于中国和菲律宾。黄连木在中国秦岭及以南、华北等地区，以陕西、山西、河南、河北、山东等地较多。黄连木生于海拔140～3550米的石山林中。

◆ 形态特征

黄连木为落叶乔木，高可达20～30米。树干扭曲，树皮暗褐色，呈鳞片状剥落，幼枝灰棕色，具细小皮孔，疏被微柔毛或近无毛。冬芽红色，有特殊气味；小枝有柔毛。黄连木偶数羽状复叶互生；小叶10～12，披针形至卵状披针形，长5～10厘米，宽约2厘米，先端渐尖，基部斜楔形，全缘，幼时有毛，后变光滑，仅两面主脉上有微柔毛。

黄连木雌雄异株。核果倒卵圆形，长 6～7 毫米，直径 4～6 毫米，端具小尖头，初为黄白色，成熟时变红色、紫蓝色，被白霜，内果皮骨质。黄连木树冠通直、圆满，枝叶繁茂，在北方早春嫩叶鲜红，入夏深绿，入秋叶片变为红色。黄连木花期在 4 月中旬～5 月上旬，果期在 9～10 月。

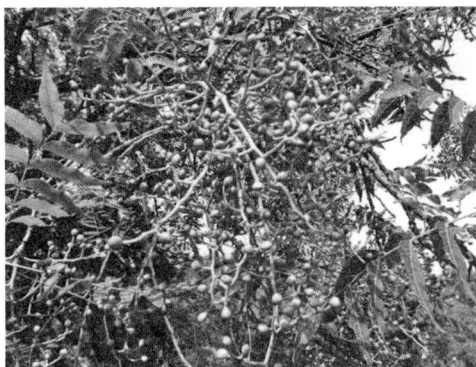

◆ 培育技术

黄连木的繁殖一般有播种繁殖、扦插繁殖和分株繁殖。①播种繁殖。需要在每年

黄连木

10 月上中旬采收成熟的果实，集中堆沤 3～4 天，使果皮腐烂后揉搓并用清水洗干净果肉，除去杂质。黄连木种子千粒重为 112.6 克，纯度 90%～95%，发芽率 50%～60%。对随采随播的种子，需用添加草木灰的温水浸泡 5～7 天，揉搓去除种皮上的蜡质；也可用把种子与湿沙混合埋入地下进行沟藏，于第二年 3 月下旬播种。②扦插繁殖。一般在春季 3 月中下旬到 4 月上旬，选用 1～2 年生枝条，截成 10～15 厘米的枝段，每个枝段上留有 2～4 个芽，用生根粉处理 1 小时后晾干表水即可扦插。亦可在夏季利用半木质化嫩枝扦插繁殖。一般扦插后 1 个月左右即可生根。③分株繁殖。利用树干基部萌发的萌蘖苗，在 3 月下旬，从树干根部挖取粗度 0.3 厘米以上的萌蘖苗，适当剪去上部分叉，只留 20～30 厘米主干进行栽植。对于有选育的优良品种，可采用嫁接繁殖。

◆ **栽培管理**

黄连木喜水喜肥，耐修剪，移栽成活率高，栽培管理较为粗放。幼苗期易发生猝倒病，可在 4 ～ 7 月，每月喷洒 75% 多菌灵 800 ～ 1000 倍液和 20% 硫酸亚铁溶液 1 次进行防治。黄连木苗木生长期做好间苗、除草、松土、施肥等日常养护工作。第 2 年可移植培育或用于荒山造林，第 4 年可开花结实。

◆ **价值**

黄连木木材鲜黄色，可提黄色染料，材质坚硬致密，具光泽，抗压能力强，可供家具和细工用材，亦可用于建筑及制作家具和农具。黄连木嫩芽嫩叶及雄花序可腌"黄连菜"，并可代茶。黄连木是优良的木本油料树种，具有出油率高、油品好等特点。种子含油率在 30% ～ 45%，种仁含油率最高可达 56.5%。种子榨油可作润滑油或制皂。黄连木还是一种优良的绿化、观赏、药用、用材和油料树种，可作庭荫树、行道树及风景林。

杜　仲

杜仲是杜仲科杜仲属落叶乔木。又称胶木、木棉、思仲、丝棉皮、扯丝皮。杜仲名字出自《神农本草经》。杜仲主产于中国四川、陕西、湖北、河南、贵州、云南。

◆ **形态特征**

杜仲高达 20 米，胸径 50 厘米，树冠圆球形。树皮深灰色，枝具片状髓，树体各部折断均具银白色胶丝。小枝光滑，无顶芽。杜仲叶子长椭圆形，单叶互生，长 7 ～ 14 厘米，有锯齿，羽状脉。杜仲花单性，绿白色，雌雄异株，无花被。翅果扁平，长椭圆形，顶端 2 裂，种子 1 粒。花期在 3 ～ 4 月，果期在 10 ～ 11 月。

◆ **生长习性**

杜仲喜阳光充足、温和湿润的气候，耐寒，喜土质疏松、pH 适中的土壤。在年平均气温 9 ～ 20℃，极端最高气温不高于 44℃，极端最低气温不低于 -33℃ 的条件下，植株均能正常生长发育。杜仲的正常生长发育与杜仲林内水分状况有密切关系，中国杜仲主要产区年降水量为 450 ～ 1500 毫米，其中 4 ～ 10 月杜仲生长发育期的降水量占全年的 80% 左右。杜仲喜光怕阴，生长在阳坡、半阳坡光照较强的地方，树势强壮，叶厚而呈现浓绿色。杜仲幼树在生长季节枝干一般较柔软，怕风，而大树具有较强的抗风能力，因此杜仲幼树生长期间需要营造农田防护林网，每林带宜栽植 4 ～ 6 行，并且选择抗弯曲的优良品种。

◆ **繁殖技术**

杜仲繁殖方法有种子、扦插、压条及嫁接法繁殖，生产上主要采用种子法繁殖。选新鲜、饱满、黄褐色有光泽的杜仲种子在冬季 11 ～ 12 月或春季 2 ～ 3 月月均温达 10℃ 以上时播种，一般暖地宜冬播，寒地可秋播或春播，以满足种子萌发所需的低温条件。杜仲种子忌干燥，故宜趁鲜播种。扦插繁殖在春夏之交，剪取一年生嫩枝，剪成长 5 ～ 6 厘米的插条，插入苗床，入土深 2 ～ 3 厘米，在土温 21 ～ 25℃ 的条件下经 15 ～ 30 天即可生根。

◆ **采收及加工**

杜仲树皮采收：①半环剥法。在 6～7 月高温湿润季节进行，此时杜仲树形成层细胞分裂比较旺盛，在离地面 10 厘米以上的位置切取树干的 1/2 或 1/3，注意割至韧皮部时不伤及形成层，然后剥取树皮。2～3 年后树皮重新长成。②环剥法。用芽接刀在树干分枝处的下方绕树干环切一刀，再在离地面 10 厘米处环切一刀，然后垂直向下纵切一刀，只切断韧皮部，不伤及木质部，然后剥取树皮。剥皮宜选在多云天气或阴天进行，不宜在雨天及炎热的晴天进行。

杜仲树皮加工：将剥下的树皮用开水烫泡，将皮展平，把树皮内面相对叠平，压紧，四周上下均用稻草包住，使其发汗。经过 1 个星期后，待杜仲内皮略成紫褐色，取出，晒干，刮去粗皮，修切整齐，置于通风干燥处贮藏。

◆ **用途**

杜仲树皮、叶子均可提取具有绝缘性的杜仲胶，用于制作电线外皮。树皮入药，有镇静、滋补作用。树皮分泌的硬橡胶可作工业原料及绝缘材料，抗酸、碱及化学试剂腐蚀的性能高，可制造耐酸、碱容器及管道的衬里。杜仲种子含油率达 27%。木材可用于建筑及制作家具。

红豆杉

红豆杉是红豆杉科红豆杉属植物。别称卷柏、扁柏、红豆树、观音杉。

全世界约有红豆杉植物 11 种，分布于北半球。中国有喜马拉雅红豆杉、东北红豆杉和俞叶红豆杉3种。其中喜马拉雅红豆杉有变种红豆杉和南方红豆杉。在中国，红豆杉主产于陕西、四川、云南、贵州、湖北、甘肃、湖南、广西等地。

◆ **形态特征**

红豆杉为常绿乔木或灌木。小枝不规则互生，基部有多数或少数宿存的芽鳞，稀全部脱落；冬芽芽鳞覆瓦状排列，背部纵脊明显或不明显。红豆杉叶条形，螺旋状着生，基部扭转排成二列，直或镰状，下延生长，上面中脉隆起，下面有两条淡灰色、灰绿色或淡黄色的气孔带，叶内无树脂道。红豆杉雌雄异株，球花单生叶腋；雄球花圆球形，有梗，基部具覆瓦状排列的苞片，雄蕊6～14枚，盾状，花药4～9，辐射排列；雌球花几无梗，基部有多数覆瓦状排列的苞片，上端2～3对苞片交叉对生，胚珠直立，单生于总花轴上部侧生短轴之顶端的苞腋，基部托以圆盘状的珠托，受精后珠托发育成肉质、杯状、红色的假种皮。红豆杉种子坚果状，当年成熟，生于杯状肉质的假种皮中，稀生于近膜质盘状的种托上；种脐明显，成熟时肉质假种皮红色，有短梗或几无梗；子叶2枚，发芽时出土。

红豆杉古树

◆ **生长习性**

红豆杉是一种喜湿耐阴树种，浅根系，主根浅，侧根发达。红豆杉在多雾、潮湿、雨量充沛的环境生长旺盛；在干燥、日照强烈的环境生长较差。红豆杉怕旱也怕涝，其对土壤和温度的适应能力相对较强。红豆杉种子在自然条件下发芽需要 2 ～ 3 年，可以采用湿沙变温层积法、植物生长调节剂处理和胚培养等技术手段打破休眠。

◆ **森林培育**

红豆杉天然资源少，应加强红豆杉种源区划，优良种群和单株选择研究，将原地保护与建立优良采穗圃进行有效繁殖结合起来，以优良无性系造林。红豆杉苗木培育 1 年即断根炼苗，1 年后苗高 30 ～ 60 厘米高时出圃造林。也可每年 5 ～ 6 月和 9 ～ 10 月采集插条繁苗。

造林宜在 2 ～ 3 月和 10 ～ 11 月进行。造林地选择在亚热带、温带阔叶林地带山坡中下部和山谷，以北坡、西北坡向为宜。要求土质疏松、深厚且湿润、有机质含量较多。事先在造林区栽植能遮阴的树木，透光度 50% 为宜。阴雨天且林地土壤湿润期穴植，一定要避开烈日曝晒。穴规格 60 厘米 ×60 厘米，株行距 2 ～ 3 米。带土球移栽，远距运输苗木栽前浸根一昼夜吸水。造林后注意定期除草，因为药用避免使用化学除草剂。定植时施足基肥、菌根肥，每年重施追肥。提倡早剪整形，3 ～ 4 年生要保顶修侧，5 年截顶促萌，争取顶生枝，提倡林地间种绿肥、饲料作物等，以耕代抚。5 后年根据市场，可以采集全株作为生药原料出售，或继续抚育成林。

◆ **用途**

红豆杉木材的边材窄，与心材区别明显，无树脂道及树脂细胞，纹理均匀，结构细致，硬度大，防腐力强，韧性强。红豆杉木材为优良的建筑、桥梁、家具、器材等用材。种子可榨油。红豆杉耐阴性强，叶常绿，深绿色，假种皮肉质红色，颇为美观，可作庭园树。

山茱萸

山茱萸是山茱萸科山茱萸属植物。

山茱萸产于中国山西、陕西、甘肃、山东、江苏、浙江、安徽、江西、河南、湖南等省，在朝鲜、日本也有分布。山茱萸多数生长于海拔 400 ～ 1500 米地带，少数生长于海拔 2100 米的林缘或森林中。

山茱萸

◆ 形态特征

山茱萸为落叶乔木或灌木，高 4 ～ 10 米，树皮灰褐色。小枝细圆柱形，无毛或稀被贴生短柔毛，冬芽顶生及腋生，卵形至披针形，被黄褐色短柔毛。山茱萸叶对生，纸质，卵状披针形或卵状椭圆形，长 5.5 ～ 10 厘米，宽 2.5 ～ 4.5 厘米；先端渐尖，基部宽楔形或近圆形，全缘；上面绿色、无毛，下面浅绿色、稀被白色贴生短柔毛，脉腋密生淡褐色丛毛，中脉在上面明显，在下面凸起，近于无毛，侧脉 6 ～ 7 对，弓形内弯；叶柄细圆柱形，长 0.6 ～ 1.2 厘米，上面有浅沟，下面圆形，稍被贴生疏柔毛。山茱萸伞形花序生于枝侧，有 4 片总苞片，卵形，厚纸质至革质，长约 8 毫米，带紫色，两侧略被短柔毛，开花后脱落。总花梗粗壮，长约 2 毫米，微被灰色短柔毛；

花小，两性，先叶开放；花萼有 4 个裂片，呈阔三角形，与花盘等长或稍长，长约 0.6 毫米，无毛；花瓣 4，舌状披针形，长 3.3 毫米，黄色，向外反卷；雄蕊有 4 条，与花瓣互生，长 1.8 毫米，花丝钻形，花药椭圆形，2 室；花盘垫状，无毛；子房下位，花托倒卵形，长约 1 毫米，密被贴生疏柔毛，花柱圆柱形，长 1.5 毫米，柱头截形；花梗纤细，长 0.5 ～ 1 厘米，密被疏柔毛。山茱萸核果长椭圆形，长 1.2 ～ 1.7 厘米，直径 5 ～ 7 毫米，红色至紫红色。核骨质，狭椭圆形，长约 12 毫米，有几条不整齐的肋纹。

◆ 主要用途

山茱萸的果实称为萸肉，俗名枣皮，味酸涩，性微温；供药用，为收敛性强壮药，有补肝肾止汗的功效。山茱萸先开花后萌叶，秋季红果累累，绯艳欲滴，常用于园林观赏植物配置。

肉 桂

肉桂是樟科樟属常绿乔木。又称玉桂、牡桂、菌桂。肉桂原产于中国，在广东、广西两地，之后广东、广西、福建、台湾、云南等地的热带及亚热带地区广为栽培，尤以广西栽培为多。肉桂在印度、老挝、越南至印度尼西亚等地亦有分布，但大都为人工栽培。

◆ 形态特征

肉桂为中等大乔木，树皮灰褐色，老树皮厚达 13 毫米。肉桂一年生枝条为圆柱形，黑褐色，有纵向细条纹，略被短柔毛；当年生枝条多少四棱形，黄褐色，具纵向细条纹，密被灰黄色短绒毛。肉桂顶芽小，长约 3 毫米，芽鳞宽卵形，先端渐尖，密被灰黄色短绒毛。肉桂叶互生或近对生，长椭圆形至近披针形，先端稍急尖，基部急尖，革质，边缘软骨质，内卷；上面绿色、有光泽、无毛，下面淡绿色、晦暗、疏被黄色短绒毛。离基三出脉，侧脉近对生，自叶基 5 ～ 10 毫米处生出，稍弯向上伸至叶端之下方渐消失，与中脉在上面凹陷，下面凸起；向叶缘一侧有多数支脉，支脉

肉桂

在叶缘之内拱形联结，横脉波状，近平行，相距 3 ～ 4 毫米，上面不明显，下面凸起；支脉间由小脉连接，小脉在下面明显可见；叶柄粗壮，长 1.2 ～ 2 厘米，腹面平坦或下部略具槽，被黄色短绒毛。肉桂圆锥花序腋生或近顶生，3 级分枝，分枝末端为 3 花的聚伞花序，总梗长约为花序长之半，与各级序轴被黄色绒毛；花白色，花梗被黄褐色短绒毛；花被内外两面密被黄褐色短绒毛，花被筒倒锥形，长约 2 毫米，花被裂片卵状长圆形，近等大，先端钝或近锐尖；能育雄蕊 9，花丝被柔毛，第一、二轮雄蕊长约 2.3 毫米，花丝扁平，上方 1/3 处变宽大，花药卵圆状长圆形，长约 0.9 毫米，先端截平，药室 4，室均内向，上 2 室小得多；第三轮雄蕊长约 2.7 毫米，花丝扁平，上方 1/3 处有一对圆状肾形腺体，花药卵圆状长圆形，药室 4，上 2 室较小，外侧向，下 2 室较大，外向；退化雄蕊 3 位于最内轮，连柄长约 2 毫米，柄纤细，扁平，被柔毛，先端箭头状正三角形；子房卵球形，长约 1.7 毫米，无毛，花柱纤细，

与子房等长，柱头小，不明显。肉桂果椭圆形，长约 1 厘米，宽 7 ～ 8（9）
毫米，成熟时黑紫色，无毛；果托浅杯状，长 4 毫米，顶端宽达 7 毫米，
边缘截平或略具齿裂。肉桂花期在 6 ～ 8 月，果期在 10 ～ 12 月。

◆ 生长习性

肉桂属南亚热带、北热带常绿乔木，喜温暖，不耐严寒，适生年平
均温度为 20 ～ 26℃、年降水量为 1600 ～ 2000 毫米、海拔多在 500 米
以下低山丘陵区种植。

◆ 主要用途

肉桂属常用名贵中药材，既可药用，又是香料副食品。肉桂具有暖
脾胃、除积冷、通血脉之功效。桂皮粉在西方国家通常用来烤制面包、
点心，腌制肉类食品。肉桂油芳香，有健胃、祛风、杀菌、收敛的作用。
肉桂油主要成分除肉桂醛外，还含有苯甲醛、肉桂醇、丁香烯、香豆素
等十多种成分，广泛用于饮料、食品的增香，医药配方，调和香精和高
级化妆品。肉桂材质优良，结构细致，不易开裂，可制作高档家具。肉
桂树形美观，常年浓荫，花果气味芳香，是一种优良的绿化树种。

月　桂

月桂是被子植物门樟目樟科月桂属的一种。原产于地中海一带，中
国浙江、江苏、福建、台湾、四川及云南等省有引种栽培。

月桂为常绿小乔木或灌木，高可达 12 米。小枝绿色，略被毛或近
无毛。月桂叶互生，革质，长圆形或长圆状披针形，先端锐尖或渐尖，
基部楔形，边缘细波状，两面无毛，羽状脉。月桂花为雌雄异株；伞形

花序腋生，1～3 个成簇状或短总状排列，开花前由 4 枚交互对生的总
苞片所包裹；雄花每个伞形花序有 5 朵，小，黄绿色，被柔毛，花被筒
短，花被片 4，雄蕊通常 12，排成 3 轮，花药 2 室，内向，瓣裂，子房
不育；雌花的退化雄蕊 4，与花被片互生，花丝顶部有成对无柄腺体，其间延伸有一披针形舌状体，子房 1 室，花柱短，柱头稍增大，三棱形。月桂果卵球形，熟时暗紫色。

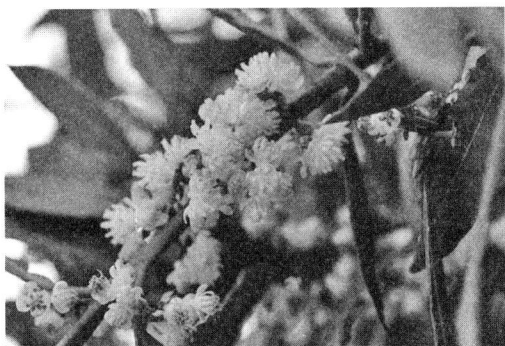

月桂

月桂是一种重要的经济植物。月桂叶和果均含芳香油，主要成分是
芳樟醇、丁香酚、香叶醇及桉叶油素，用于食品及皂用香精。月桂叶还
可作调味香料或罐头矫味剂。月桂种子含油脂约 30%，可供制皂或用于
医药。

厚 朴

厚朴是木兰科木兰属植物。又称烈朴、赤朴、厚皮、川朴、重皮等。
厚朴是中国特产树种，濒危种，主要分布于陕西、甘肃、浙江、四川、
湖南、贵州等地。厚朴垂直分布在海拔 500～1500 米。

◆ 形态特征

厚朴是落叶乔木，树高 7～15 米，胸径达 35 厘米。树皮厚，灰色，
不开裂，有辛辣味。顶芽大，单叶，互生，具柄。厚朴叶革质，倒卵形

或倒卵状椭圆形，长 20 ～ 45 厘米，宽 15 ～ 24 厘米，下面灰绿色，被灰色柔毛，有白粉，叶柄粗。厚朴花与叶同时开放，单生枝顶，花大，白色，芳香。厚朴聚合果长椭圆状卵圆形或圆柱状，长 10 ～ 16 厘米，木质，内含种子 1 ～ 2 粒，有鲜红色外种皮。厚朴花期在 4 ～ 6 月，果熟期在 8 ～ 9 月。

◆ **生长习性**

厚朴喜光，性喜凉爽、潮湿的气候，宜生于雾气重、相对湿度较大、阳光充足的地方。厚朴产区年平均温度 16 ～ 20℃，1 月平均温度 3 ～ 9℃，年降水量 800 ～ 1800 毫米，但多为 1400 毫米。厚朴喜疏松、肥沃、含腐殖质较多、湿润、排水良好、呈微酸性至中性的土壤。

◆ **繁殖及采收**

厚朴苗木繁殖主要采用种子法、压条法和扦插法繁殖。种子繁殖选择饱满无病虫害的种子，混拌粗沙除去红色蜡质，然后进行播种育苗，春播忌将果实与种子分离。播种前用粽叶包裹种子放入冷水浸泡 2 天，然后播种。压条需要在立冬之前或早春进行，在母株着生的近基部外侧用刀割入一半，向切口的相向方向攀压，使树苗从切口纵裂约 2 厘米长，裂缝处放置小石块将其夹住，盖土高出地面 5 ～ 6 厘米，稍压、浇水，第二年早春刨开土见截面生根即可截断移栽。

厚朴一般选择生长年限在 20 年左右的树木采收树皮，15 年也可以，但年限越长树皮质量越好。采收时间以 5 ～ 6 月为好，树干部分按照 30 厘米一段刮去粗皮，一段段剥下。将剥下的树皮横放在容器内，防止树液流出。

◆ **用途**

厚朴树皮为中药，具有温中理气、燥湿健脾、消痰化食的作用，可治腹痛胀满、反胃呕吐、泻痢等症。厚朴种子可榨油，并有明目益气的功效。厚朴木材淡黄褐色，纹理直，质轻软，结构细，少开裂，可作建筑板料、家具雕刻、乐器、木工等用材。厚朴树姿优美，叶大荫浓，花大香美，可作观赏树种。

柳　杉

柳杉是杉科柳杉属植物。又称长叶孔雀松。柳杉属于第三纪孑遗植物，已处于衰退状态，自然分布极其狭窄，形成间断或孤立的分布区。

◆ **分布**

柳杉栽培分布在北纬18°～38°，东经98°～122°区域。柳杉为中国特有的树种，主要分布于长江流域以南地区，在浙江、福建、江西、湖北、湖南、四川、贵州、云南、广东、广西、江苏、安徽、山东、河南等省（自治区）均有栽培。在浙江西天目山有成片大树，其中胸径1.0米以上的就有400余株。柳杉垂直分布在浙江西部为海拔300～1000米，福建北部为海拔400～1400米，云南中部上升到海拔1600～2400米；平原和低丘也有人工栽培的柳杉林。

◆ **形态特征**

柳杉属常绿高大乔木，高达40米，胸径3米；树皮红棕色，纤维状，裂成长条片脱落；大枝近轮生，平展或斜展；小枝细长，常下垂，枝条中部的叶较长，常向两端逐渐变短。

◆ 生长习性

柳杉天然林分 10 年左右开始结实，人工林、光照充足的疏林 5 ～ 10 年开始结实。结实盛期在 20 年以后，有大小年之分，间隔 1 ～ 2 年。

柳杉

柳杉为喜光的浅根性树种，无明显主根，侧根很发达。柳杉生长快，直径生长 5 ～ 30 年为速生阶段，30 年以后生长缓慢，但能持续生长到 150 年左右。树高生长前 5 年为缓慢增长阶段，5 ～ 40 年为速生阶段，40 年以后为生长缓慢阶段，80 年以后基本稳定。柳杉对土壤、温度、光照等环境因素的反应非常敏感，对生长环境的要求极高，适宜在气候温和湿润，土壤 pH 在 6 ～ 7、水分充足的环境中生长。柳杉对环境的适应能力强，与其他树种的种间竞争的程度较小，有利于自身的生长。但是，柳杉种群具有前期薄弱、中期稳定、后期衰退的特点。

◆ 培育技术

柳杉繁殖方法分为播种育苗或扦插育苗。播种育苗要求砂质壤土，以适当早播为好，播后覆土盖草，1 年生每平方米留 130 ～ 150 株。扦插育苗宜采用 4 年生以下幼树的一级侧枝，或采穗圃母株上的一级侧枝和带分枝的粗壮二级侧枝末梢作穗条，插后 2 ～ 3 周生根，当根长 2 厘米时可移植并分级移栽，2 年生留床苗平均 55 ～ 65 株 / 米 ^{2}。选择气候凉爽多雾的山区缓坡、中下坡、冲沟、洼地以及排水良好的地方造林。

造林方式分为纯林造林和混交造林。柳杉纯林一般培育小径材，初植密度为 3330 ～ 5000 株 / 公顷，培育中径材为 2500 ～ 3330 株 / 公顷，培育大径材为 1665 ～ 2500 株 / 公顷。10 年左右应进行第一次间伐，强度为总株数 20% ～ 40%，间隔 5 ～ 6 年可再进行 1 ～ 2 次间伐。培育大径材宜采用目标树经营。采伐更新期应选择在结实壮年期，即 30 ～ 40 年为宜。培育大径材，可在 80 年以后进行采伐更新。主要病虫害为赤枯病、枝枯病、瘿瘤病和柳杉毛虫。混交方式常采用单行混交或单双行混交。选择柳杉与杉木混交的模式，可提高林分收获量，也可与马尾松、日本扁柏等树种混交，形成较为稳定的群落结构。

◆ **价值**

柳杉的价值有：①作为重要用材树种。柳杉树干通直，木材纹理直，材质轻软，干燥后不翘曲，少开裂，密度低，气干密度为 0.330 分克 / 厘米^3，基本密度为 0.296 分克 / 厘米^3，心边材区别明显，木材边材白色，心材红色，而且心边材含水率差异显著、生长应力大，渗透性差，综合强度低。②作为绿化观赏树种。柳杉常用于庭荫树，公园或作行道树。柳杉寿命长，生长快，用途广，适生范围宽。柳杉树姿雄伟，树干通直，四季常绿，纤枝略垂，孤植、群植均极为美观，是中国南方优良速生用材和园林风景树种。③作为环保树种。柳杉对二氧化硫、氯气、氟化氢等有较好的抗性，能净化空气，优化环境。

台湾相思

台湾相思是含羞草科金合欢属植物，是中国华南地区重要的荒山绿化树种。

◆ **名称来源**

台湾相思（*Acacia confusa*）由美国植物学家 E.D. 美林（Elmer Drew Merrill，1876 ~ 1956）于 1910 年命名。种加词 *confusa* 意为混淆的。

◆ **分布范围**

台湾相思原产于中国台湾，遍布全岛平原、丘陵低山地区。台湾相思在菲律宾也有分布。台湾相思在中国广东、海南、广西、福建、云南和江西等省（自治区）的热带和亚热带地区均有栽培，其水平分布在北纬 25° ~ 26° 以南，垂直分布则因纬度而异，在海南热带地区可栽至海拔 800 米以上，而较高纬度地区一般只在海拔 200 ~ 300 米的低地栽植。

◆ **形态特征**

台湾相思为常绿乔木。树高可达 15 米以上，胸径达 60 厘米以上，中国台湾有胸径达 1 米的大树。树皮不裂不落，灰褐色。台湾相思苗期第 1 片真叶为羽状复叶，稍长小叶退化，叶柄呈叶状，披针形，弯似镰刀，革质，长 6 ~ 10 厘米，宽约 1 厘米，具平行脉 3 ~ 7 条。台湾相思头状花序，黄色，1 ~ 3 个腋生。荚果扁平，长 5 ~ 12 厘米。种子 7 ~ 8 粒，坚硬，褐色，有光泽。台湾相思花期在 3 ~ 5 月，果熟期在 7 ~ 9 月。

◆ **生态习性**

台湾相思极喜光，可耐轻度庇荫。喜温暖而畏寒，适生于干湿季明显的热带和亚热带气候区。台湾相思产区年平均温度 18 ~ 26℃，极端最高温度 39℃，极端最低温度 -8℃；年降水量 1300 ～ 3000 毫米。台湾相思对土壤要求不严，耐干旱瘠瘦，在冲刷严重的酸性粗骨质土、砂质土和黏重的高岭土上均能生长，但在贫瘠土壤条件下生长慢而树干弯曲，在土壤深肥的地方生长快且树干通直。台湾相思对土壤水分状况的适应性很广，不怕河岸间歇性的水淹或浸渍；因根深材韧，抗风力也强。台湾相思根系发达，具根瘤，能固定大气游离氮以改良土壤，宜与松树、桉树、樟树等营造混交林。台湾相思属较速生树种，3 ～ 4 年生前生长较慢，5 ～ 6 年生后生长逐渐加快，一般 15 年生高可达 15 米，胸径 20 厘米。台湾相思萌生力强，经多次砍伐，仍能萌芽更新，而且生长迅速。

◆ **培育技术**

台湾相思一般采用播种法繁殖。荚果成熟时呈褐色，能自行开裂，宜及时采种，除杂晒干。台湾相思种子含水量以 9% ～ 10% 为宜，可混以石灰或草木灰，袋装或陶器贮藏，1 年内发芽率与新鲜种子相差无几。千粒重 26 ～ 31 克，每千克 3.2 万～ 3.8 万粒。台湾相思种皮坚硬，富油蜡质，极难吸水，宜将种子浸于沸水中，搅拌 2 ～ 3 分钟，再用冷水浸种 24 小时，然后播种，发芽率可达 70% ～ 80%。如为苗圃育苗，一年生苗高可达 60 ～ 70 厘米，宜在台湾相思苗高 30 厘米时栽植。如为容器育苗，在台湾相思苗高 20 ～ 25 厘米时即可出栽，效果比裸根苗好。造林株行距一般宜 1.5 米 ×1.5 米～ 2 米 ×2 米，侵蚀裸露地可 1米 ×1.5 米或 1 米 ×2 米，营造薪炭林或在坡度较陡或冲刷严重的地方造林可 1 米 ×1 米。中国台湾地区多采用直播造林，生长与植苗造林相同。此外，在花岗岩石质山地还可用飞机播种，营造台湾相思纯林或与马尾松的混交林。害虫主要有茶黄蓟马、大蟋蟀、吹绵蚧、龙眼蚁舟蛾等。

◆ **主要用途**

台湾相思生长迅速，抗逆性强，适于作荒山绿化先锋树种或营造防护林，也是行道树和四旁绿化的优良树种。台湾相思木材坚韧致密，有弹性，不易折，花纹美观，褐色，具光泽，干燥后少开裂，可供造船、车辆、枕木、家具、农具等用材。台湾相思树皮含单宁 23% ～ 25%，为栲胶原料；树叶富含养分，是良好的绿肥。台湾相思花含芳香油，可作调香原料。台湾相思燃烧力强，也可用作薪炭材。

◆ **系统位置**

按照由美国植物学家 A. 克朗奎斯特（A.Cronquist，1919 ～ 1992）提出的克朗奎斯特系统分类，含羞草科属于蔷薇亚纲豆目。按 APG-IV 分类系统（由被子植物系统发育研究组建立的被子植物分类系统第四版），台湾相思属于蔷薇亚纲豆目豆科新云实亚科的一个分支——含羞草分支。

杧 果

杧果是漆树科杧果属多年生木本植物。别称芒果、檬果、漭果、闷果、蜜望、望果、庵波罗果等。

杧果是杧果属中栽培最广泛的种。杧果是热带亚热带常绿果树，中国主要栽培在热带、亚热带地区的广西、云南、海南、四川、台湾、广东、贵州、福建等地，高海拔地区易遭冷害。通过优势区域布局与品种和技术配套，杧果的鲜果可以周年上市。

◆ **起源与栽培史**

杜果原产于亚洲东南部的热带地区，
该区域北自印度东部、中经缅甸、南至
马来西亚一带。早在公元前 2000 多年，
印度民间文学中就有杜果的描述。

公元前 5 ～ 前 4 世纪，杜果随着佛
教僧侣的活动而传播，先后传到越南、
泰国、柬埔寨、斯里兰卡等国家。公元
前 3 世纪，亚历山大军队入侵印度，把
杜果带到欧洲。14 ～ 15 世纪，葡萄牙

杜果

人开始从印度把杜果传到伊斯兰教统治的岛屿。15 世纪早期，西班牙
航海家、伊斯兰教传教士及葡萄牙人将杜果传到菲律宾。16 世纪初期，
葡萄牙人从印度果阿将杜果运到非洲南部。1700 年杜果被引进巴西。
1778 年西班牙旅行者将杜果从菲律宾引入墨西哥。1742 年巴巴多斯开
始种植杜果。1782 年牙买加开始种植杜果。1809 年夏威夷群岛从墨西
哥引入杜果。1825 年葡萄牙人将杜果从孟买带到埃及。1861 年美国佛
罗里达州开始种植杜果，经过多年选育发展，佛罗里达州的杜果品种具
有丰产稳产性强、适应性广、果皮带红晕、果肉结实、可食率高的特点。
18 世纪晚期，杜果被引进到也门。1905 年杜果被引入意大利南部。至
21 世纪，杜果生产与贸易已遍布世界热带、亚热带地区，全世界有超
过 100 个国家种植，分布于五大洲，但是主要栽培在亚洲、南美洲和
非洲。

◆ **形态特征**

杜果根系生长第一次高峰出现在果实采收后,秋梢抽发前。秋梢停止生长后至冬季低温来临前,根系生长进入第二个高峰期。此时树体养分充足,气温适宜,高峰期长,根系生长量大,为早冬梢抽生与翌年花芽分化打下物质基础。杜果枝梢多在开春后开始生长,直至 11 ~ 12 月停止,每年可抽生枝梢 2 ~ 5 次。杜果抽梢可分为春梢、夏梢、秋梢、冬梢。杜果枝梢生长历时 1 ~ 2 个月。在雨水充足、气温较高的夏秋季多为 30 天左右;夏梢、秋梢和早冬梢都可以成为结果母枝。杜果花芽分化的时间,因品种、地区、气候、栽培管理等因素的不同而变化,有的可早至上年的 7 ~ 9 月,有的则晚至翌年的 1 ~ 2 月。结果枝主要是顶芽抽生花序,顶芽、侧芽同时抽生的较少。当顶芽受到伤害时,附近的侧芽可能代替顶芽分化花芽,抽生花序。一个花序从初花期至末花期需 10 ~ 45 天。开花期气温高,开花期短,反之则长。杜果每个花序有几千朵花,必须疏花疏果,否则果实大小不一,品质差。杜果开花后,已授粉受精的子房迅速转绿并开始膨大,未经授粉受精的在开花后 3 ~ 5 天内凋谢脱落。杜果从开始坐果到快速生长期结束均有落果,落果数达初期坐果数的 95% 以上,这时落果主要是因授粉受精不良或幼胚死亡所致。杜果果实从幼果开始膨大增长至果实成熟需 80 ~ 150 天。杜果果实的生长仅出现一次快速生长,授粉受精后不久生长缓慢,之后生长速度逐渐加快达最大速度。2 个月后,其果径已达成熟时果径的 95% 左右,重量随着体积的增长也相应增加;以后体积增大速度减慢,至成熟前 14 ~ 20 天增大基本停止。

◆ **种质资源**

杧果属植物有 69 个种，其中大多数种原产于马来半岛、印度尼西亚群岛、泰国、印度支那地区和菲律宾。包括普通杧果在内，该属至少有 26 个种的果实可以食用，这些种类主要集中在东南亚地区，其中马来半岛是杧果属植物自然分布的中心，中国保存有 8 个种。由于世界上绝大多数品种属于普通杧果，高度杂合，变异大，因此对杧果进行分类十分重要，但是尚无一个很完善的方案。有学者将杧果品种分为 4 个品种类型，即菲律宾品种群、印度支那品种群、印度品种群和西印度品种群；有学者将杧果品种分为红杧类、黄皮类和绿皮类；也有学者将杧果简单分为单胚类和多胚类。后二者被采用的较多。

全世界有 2000 份以上的杧果种质资源，主要保存在印度、美国、泰国等国家。中国拥有杧果种质资源 1000 份以上，有早、中、晚熟类型，保存在一些科教单位。其中，国家杧果种质资源圃和农业农村部儋州杧果种质资源圃分别设在广西田东县和海南儋州市，集中保存了核心的杧果资源和品种。中国主要栽培品种有台农 1 号、金煌、凯特、白象牙、贵妃、桂热 82 号、桂热 10 号、三年杧、圣心、吉尔、帕拉英达、热农1 号、热品 4 号、红玉等。

◆ **栽培技术**

杧果育种方面，实生选种选育的品种较多，杂交育种因育种方法的改进发展很快，诱变育种也已开展相关研究，生物技术作为辅助育种手段在杂种早期鉴定等方面发挥了较大作用。

杧果基本采用嫁接繁殖，砧木多为本地杧，多为枝接，成活率高。

一般在开春后的 3 ～ 4 月及 10 ～ 11 月嫁接最为适宜。在嫁接的砧木方面，中国海南、广西和云南有采用海南本地杧、广西本地杧、三年杧等杧果作砧木的传统，抗性和适应性较强，与栽培品种亲和力好。实生繁殖一般用在砧木苗上，也用在城市行道树上。这些本地杧一般为多胚品种，较好地保持了母本遗传性状。杧果种核较硬，直接播种发芽率低，畸形苗比例大，需要进行剥壳处理后播种。

杧果在坡地和平地种植均可，土壤 pH 在 6.5 左右。山地要挖穴填肥覆土，造林防水土流失；平地果园要选择在地下水位低、排水方便的地方建园。栽植密度因品种不同而异，以封行为宜。定植多在春秋两季进行，特别是 3 ～ 5 月最好，此时气温平和，阴雨天多，湿度大，大风少，成活率高。杧果定干以 60 厘米左右为宜，留 3 ～ 4 条生长均匀的主枝，主枝长 40 ～ 50 厘米摘心，促侧分枝，依此类推培养树冠。通过优势区域布局与品种和技术配套，鲜果可以周年上市。

高效催花、轮换结果、推迟花期等区域关键技术，与优良品种和营养诊断施肥、病虫害综合防控、采后保鲜和套袋等共性关键技术集成，形成中国周年供应芒果技术体系并规模化应用，由此获得较高的经济产量和良好的品质。

杧果病虫害防控贯彻"预防为主，综合防治"的植保方针，以改善果园生态环境。杧果主要病害有细菌性黑斑病、炭疽病、白粉病、疮痂病、水疱病等，害虫则主要有蓟马、横线尾夜蛾、吸果夜蛾、扁喙叶蝉、切叶象甲、叶瘿蚊、脊胸天牛、蚜虫、螨类等。

防灾减灾方面，杧果最值得关注的是寒害，主要是在位于四川和云南的金沙江干热河谷高海拔地区及广西百色、贵州西南部、福建漳州等杧果产区，2～4月花期和幼果发育期极易受寒害，可提前采取防护措施。在冬春季，海南、广东、广西等区域也会出现低温阴雨气候，影响坐果。

◆ **采后及加工**

由于杧果鲜果（又称芒果）售价较高，而加工厂要求的杧果原料价格相对较低，因而除残次果外，种植业者将鲜果销售给加工厂的意愿不高，中国的加工厂主要从东南亚的越南、柬埔寨等国进口原料果或者直接进口原汁。加工品主要以杧果汁、果脯和速冻果等初级加工为主，杧果蜜饯、甜酸杧果片、杧果干等新型杧果产品也已经上市，加工品市场日趋丰富。多数产地销售者对果实只做简易分级等处理后即包装销售，但冷库低温处理和1-甲基环丙烯（1-MCP）等保鲜应用也越来越广泛。

◆ **主要用途**

杧果外形美观，色泽诱人，肉质甜滑，风味独特，营养价值高，素有"热带果王"的美称，是多种加工品的原料。杧果是杧果属中栽培最广泛的种，果实营养价值极高。杧果含可溶性固形物（TSS）14%～24.8%、糖11%～19%、蛋白质0.65%～1.31%，每100克果肉含β-胡萝卜素2281～6304微克，人体必需的微量元素硒、钙、磷、钾等含量也很高。杧果除可以鲜食外，还可以制作果汁、糖水片、糖水罐头、果酱、蜜饯、脱水杧果片、果酒、果冻、话杧，以及盐渍或酸辣杧果等。杧果味甘酸、性凉无毒，具有清热生津、解渴利尿、益胃止呕等功能。

杧果叶可做药用和清凉饮料，种子可提取蛋白质、淀粉做饲料，脂肪可替代可可脂配制糖果，亦可做肥皂。杧果树适应性强，结果早，定植后3年投产，产量高，效益好，经济寿命长。杧果为常绿果树，在中国四川、云南干热河谷区域具有防止水土流失的功能；在广西、福建等地作为城市的行道树，具有涵养水源，防止空气污染等作用。

◆ **新业态**

杧果大部分种植在中国南方山区和丘陵地带，已经成为广西、云南、四川、海南、贵州等杧果主产区乡村振兴的优势产业和农民收入的主要来源，并带动农资、包装、物流和服务业等相关产业的发展。2020年中国种植面积达515.1万亩，产量331.2万吨，已成为中国种植面积第二的热带水果。广西百色地区，四川、云南金沙江干热河谷区域，贵州西南部等区域杧果产业发展快，杧果种植规模继续扩大。

中国杧果产业尚存在诸多影响品质的因素，因而要求除品种选择外，还要重点开展植物生长调节剂规范使用、土壤调理改良、化肥有机替代、病虫害安全高效防控等方面的系统研究和集成示范，达到化肥农药减施、果实品质提升、生产优质果品的目标。

广玉兰

广玉兰是木兰科木兰属常绿乔木。又称荷花玉兰。原产于北美洲东南部。在中国长江流域以南各城市有栽培。

广玉兰在原产地株高可达30米。树皮淡褐色或灰色，薄鳞片状开裂。广玉兰小枝粗壮，具横隔的髓心。小枝、芽、叶下面、叶柄均密被褐色或灰褐色短绒毛（幼树的叶下面无毛）。广玉兰叶厚革质，椭圆形、长圆状椭圆形或倒卵状椭圆形，长10～20厘米，宽4～7厘米，先端钝或短钝尖，基部楔形，叶面深绿色，有光泽，侧脉每边8～10条。广玉兰叶柄长1.5～4.0厘米，无托叶痕，具深沟。广玉兰花大，白色，状如荷花，芳香，直径15～20厘米；花被片9～12，厚肉质，倒卵形，长6～10厘米，宽5～7厘米；雄蕊长约2厘米，花丝扁平，紫色，花药内向，药隔伸出成短尖；雌蕊群椭

广玉兰

圆形，密被长绒毛。广玉兰聚合果圆柱状长圆形或卵圆形，长7～10厘米，直径4～5厘米，密被褐色或淡灰黄色绒毛。广玉兰蓇葖背裂，背面圆，顶端外侧具长喙。种子近卵圆形或卵形，长约14毫米，直径约6毫米，外种皮红色。广玉兰花期在5～6月，果期在9～10月。

　　广玉兰适生于湿润肥沃土壤，对二氧化硫、氯气、氟化氢等有毒气体抗性较强，也耐烟尘。广玉兰可用于园林绿化。广玉兰木材黄白色，材质坚重，可作装饰用材。广玉兰叶、幼枝和花可提取芳香精油，叶入药治高血压，种子可榨油。

榆叶梅

　　榆叶梅是蔷薇科李属落叶灌木。榆叶梅原产于中国北部，分布于黑龙江、吉林、辽宁、内蒙古、河北、山西、陕西、甘肃、山东、江西、

江苏、浙江等省（自治区）。

榆叶梅高 2～5 米。榆叶梅枝无刺，小枝无毛或幼时微被柔毛。榆叶梅单叶互生，叶宽椭圆形至倒卵形，长 2～6 厘米，先端短渐尖，常 3 裂，基部宽楔形，上面具疏柔毛或无毛，下面被柔毛，具粗锯齿或重锯齿。榆叶梅花 1～2 朵，先叶开放，径 2～3 厘米；花瓣近圆形或宽倒卵形，长 0.6～1.0 厘米，粉红色，生于萼筒口，覆瓦状排列；萼片及花瓣

榆叶梅

均为 5；雄蕊多数，雌蕊 1；萼筒宽钟形，萼片卵形或卵状披针形。榆叶梅核果近球形，顶端钝圆，具不整齐网纹，熟时红色，被柔毛；核果熟时干燥无汁，开裂。榆叶梅花期在 4～5 月，果期在 5～7 月。

榆叶梅性喜光，耐寒，耐旱，对轻碱土也能适应，不耐水涝。榆叶梅对土壤环境要求不严格，以中性至微碱性、肥沃、疏松的土壤为宜。

榆叶梅在园林或庭院中常以苍松翠柏作背景丛植，或与连翘配植，是一种重要的园林造景树种。此外，还可作盆栽、切花或催花材料。

樱　花

樱花是蔷薇科李属樱亚属观花树木的统称。

樱花广泛分布于北半球的温带与亚热带地区，亚洲、欧洲至北美洲均有分布，但主要集中在东亚地区。中国西部、西南部及日本、朝鲜一

带集中了世界樱亚属植物的大部分种类。同亚属植物全世界有 150 多种，中国拥有该亚属植物 44 种。

樱花在中国栽培观赏已久。据《广群芳谱》记载，晋朝时，中国宫廷中已有樱花树栽植；中晚唐时，樱花已成为重要的观赏花木，开始普遍作为歌咏对象出现在诗文中。

◆ 形态特征

樱花为落叶乔木。树皮灰或黑褐色、棕色，具皮孔，皮横裂或纵裂。叶柄有腺点，叶卵形、卵状椭圆形、矩圆形，叶缘常具锯齿。樱花花先叶开放或与叶同时开放，数朵花形成伞形、伞房或短总状花序，花白色、粉红色、红色、绿色或黄色。樱花核果成熟时肉质多汁，红色、紫红色或黑色，不开裂；核球形或卵球形，表面平滑或有棱纹。樱花花期在 2～5 月。

◆ 种类

樱花种类繁多，根据花期不同（以当地东京樱花为参照），可分为早樱、中樱、晚樱；根据花瓣数量不同，可分为单瓣（5～10 瓣）、半重瓣（11～20 瓣）、重瓣（21～50 瓣）、菊瓣（51 瓣以上）；根据花色不同，可分为白色、红色、粉红色、深红色、黄色、绿色等。中国樱花主要栽培品种为东京樱花（染井吉野）、

东京樱花

关山樱、寒绯樱、椿寒樱、阳光樱、八重红枝垂、云南冬樱花、山樱花、迎春樱、尾叶樱、初美人、福建山樱花、河津樱、普贤象、松前红绯衣、郁金等。樱花在日本栽培较为普遍，品种有 300 多个。

◆ **繁殖与栽培**

樱花繁殖主要采用播种、扦插、嫁接、压条等方法。砧木可采用播种或压条繁殖，栽培品种需要嫁接繁殖，嫁接砧木可用山樱花、寒绯樱、华中樱、尾叶樱、草樱等。樱花喜光，根系浅，不耐涝，喜深厚肥沃且排水良好的土壤。

◆ **用途**

樱花是早春著名的观花树种，早春伊始，繁花竞放，轻盈娇艳，如云似霞，引人入胜。樱花宜成片群植，也可丛植于草坪、林缘、路旁、溪边、坡地等处，或在居住区、公园道路两侧列植形成夹道景观。中国福建、云南等地将寒绯樱或高盆樱种植在茶园内形成绿茶红樱的绯红景观，尤为壮观。

第 5 章

草本花卉

非洲菊

非洲菊是菊科大丁草属簇生状多年生草本植物。非洲菊原产于非洲东南部。非洲菊在中国各地广泛栽培。

◆ 形态特征

非洲菊株高可达 60 厘米，宽幅 45 厘米左右。根状茎短，为残存的叶柄所围裹，具较粗的须根。非洲菊叶基生，莲座状，叶片长椭圆形至长圆形，顶端短尖或略钝，叶柄具粗纵棱，多少被毛。非洲菊花葶单生，少量有数个丛生，高于叶丛；头状花序单生于花葶之顶；舌状花 1～2 轮或多

非洲菊

轮，倒披针形；管状花较小，常与舌状花同色；花朵直径 4～5 厘米。非洲菊花期在 11 月至次年 4 月。非洲菊品种多达几千种。非洲菊花色丰富，有红色、白色、黄色、橙色、紫色等。非洲菊以鲜切花生产供应市场时，可通过花期调控实现周年开花。

◆ **栽培与管理**

非洲菊喜温暖通风、阳光充足、空气流通的环境。喜疏松、肥沃、排水良好的砂质土壤。生长适宜温度为 20～30℃，冬季适温 12～15℃。非洲菊可采用播种、组织培养或分株繁殖。播种繁殖需要人工辅助授粉，成熟后及时播种，避免种子过于干燥而丧失萌发力。非洲菊组织培养繁殖常用叶片作为外植体，针对性状较好的品种进行规模化繁殖。非洲菊分株繁殖针对分蘖能力强的品种，栽培 3 年盛花期过后对繁茂的株丛进行分株。

◆ **用途**

非洲菊风韵秀美，花色艳丽，周年开花，装饰性强，且耐长途运输，可用于切花、盆栽及庭院装饰。切花瓶插单花期 14～21 天，为理想的切花花卉。非洲菊栽培良好时，每株 1 年平均可切取 30 枝切花。在中国北方地区多盆栽观赏，用于装饰厅堂、门侧，点缀窗台、案头；在南方地区，可将非洲菊作为宿根花卉，应用于庭院丛植、布置花境、装饰草坪边缘等均有极好的效果。

秋 英

秋英是菊科秋英属一年生或多年生草本，是著名观赏植物。又称波斯菊、大波斯菊。原产于美洲墨西哥。在中国栽培甚广，在路旁、田埂、溪边也常自生。

秋英高 0.5～2 米。茎无毛或稍被柔毛。叶二回羽状深裂，裂片线形或丝状线形。秋英头状花序单生，花序梗长 6～18 厘米；总苞片外层披针形，近革质，淡绿色，具深紫色条纹；内层椭圆状卵形，膜质；舌状花呈紫红色、粉红色或白色；舌片椭圆状倒卵形，长2～3厘米，宽1.2～1.8厘米，先端有3～5钝齿；管状花黄色，长6～8毫米，有披针状裂片。秋英瘦果黑紫色，长8～12毫米。秋英花期在6～8月，果期在9～10月。

金光菊

金光菊是菊科金光菊属多年生草本植物。金光菊原产于北美洲。

金光菊高50～200厘米。金光菊茎上部有分枝，无毛或稍有短糙毛。金光菊叶互生，无毛或被疏短毛。金光菊下部叶具叶柄，不分裂或羽状5～7深裂，顶端尖，边缘具不等的疏锯齿或浅裂，中部叶3～5深裂，上部叶不分裂，卵形。金光菊头状花序单生于枝端，具长花序梗；总苞半球形，总苞片2层，长圆形；舌状花金黄色，舌片倒披针形，顶端具2短齿；管状花黄色或黄绿色。金光菊瘦果无毛，压扁，稍有4棱，长5～6毫米，顶端有具4齿小冠。花期在7～10月。

金光菊是一种美丽的观赏植物，在中国各地庭园常见栽培。

金光菊

矢车菊

矢车菊是菊科矢车菊属二年生草本植物。又称蓝芙蓉。矢车菊原产于欧洲东南部，世界各地广泛栽培。

矢车菊株高 60 ～ 90 厘米，也有矮生品种，株高仅 30 厘米左右。整株粗糙呈灰绿色。茎秆细，直立，分枝多。矢车菊上半部叶线状披针形，基部叶呈羽状深裂。矢车菊头状花序顶生，花色有蓝、红、紫、白等。矢车菊果实为瘦果。矢车菊花期在 4 ～ 6 月上旬。矢车菊栽培品种繁多，有重瓣、半重瓣、大花型和矮生型等。矢车菊同属种类有香矢车菊、美洲矢车菊和山矢车菊。

矢车菊喜温暖、湿润，喜光、怕炎热。矢车菊栽培要求肥沃、疏松和排水良好的土壤。矢车菊适应性强，也耐瘠薄土壤，有自播能力。矢车菊采用播种繁殖，多在 9 月前后秋播，北方也可春播，播后 7 ～ 10 天发芽。矢车菊属直根性花卉，栽培时宜直播，少移栽。矢车菊可摘心促进分枝。矢车菊一般春播苗较瘦弱，开花差。矢车菊生长期应适当追肥，但氮肥不宜过多，以免徒长。

矢车菊高秆品种可用于花境布置或用作切花，矮性品种常用于盆栽或地被观赏。

矢车菊

宿根天人菊

宿根天人菊是菊科天人菊属多年生草本植物。俗称车轮菊。

宿根天人菊高 60 ～ 100 厘米，全株被粗节毛茎不分枝或稍有分枝。

基生叶和下部茎叶长椭圆形或匙形，长 3 ～ 6 厘米，宽 1 ～ 2 厘米，全缘或羽状缺裂，两面被尖状柔毛，叶有长叶柄；中部茎叶披针形、长椭圆形或匙形，长 4 ～ 8 厘米，基部无柄或心形抱茎。宿根天人菊头状花序径 5 ～ 7 厘米，总苞片披针形，长约 1 厘米，外面有腺点及密柔毛；舌状花黄色；管状花外面有腺点，裂片长三角形，顶端芒状渐尖，被节毛。宿根天人菊瘦果长 2 毫米，被毛。花果期在 7 ～ 8 月。

宿根天人菊

宿根天人菊常用于庭园栽培，供人们观赏。

百日菊

百日菊是菊科百日菊属一年生草本植物。原产于北美洲、南美洲等地，是阿拉伯联合酋长国的国花。百日菊同属全世界有 17 种，中国栽培有 3 种，各地广泛栽培应用。

百日菊茎直立，高 30 ～ 100 厘米，被粗毛或长硬毛。叶对生，全缘，无柄，基部抱茎。百日菊头状花序，单生枝端；舌状花红、黄、紫或白等色，舌片倒卵圆形，先端 2 ～ 3 齿裂或全缘，上面被短毛，下面被长柔毛；管状花黄色或橙色，先端裂片卵状披针形，上面有黄褐色密茸毛。百日菊果实为瘦果。种子千粒重 4.67 ～ 9.35 克。花期在 6 ～ 9 月，果期在 8 ～ 10 月。

百日菊性强健，喜光照，要求肥沃且排水良好的土壤。一般采用播种法、扦插法繁殖。

百日菊品种类型多，有单瓣、重瓣、卷叶、皱叶和各种不同颜色的品种 200 余个。高型品种可用于切花，水养持久；矮型品种用于布置花坛、花境、花带等，也可作盆栽观赏，是夏秋两季园林和绿化不可缺少的花卉。

百日菊

大丽花

大丽花（*Dahlia pinnata*）是菊科大丽花属多年生草本植物。又称大理花、地瓜花、东洋菊等。

大丽花属植物约有 15 种。属名 *Dahlia* 是为纪念瑞典植物分类学家 A. 达尔。大丽花系天然种间杂种，16 世纪初墨西哥人将野生大丽花从山地移至庭园；1789 年，大丽花传到欧洲，育成许多新品种，并于 1842 年由荷兰引入日本。20 世纪 30 年代，大丽花由日本传入中国。

大丽花有巨大棒状块根。茎直立，多分枝，高 1.5 ～ 2 米，粗壮。叶 1 ～ 3 回羽状全裂。大丽花头状花序大，有长花序梗，常下垂；花序由中间管状花和外围舌状花组成，舌状花 1 层至多层，白色、红色或紫色，为单性花，顶端有不明显的 3 齿，或全缘；管状花多黄色，为两性花，有时在栽培中全部为舌状花；总苞片外层约 5 个，卵状椭圆形，叶质；内层膜质，椭圆状披针形。大丽花瘦果褐色，多长椭圆形，有 2 个不明显的齿。大丽花花期在 6 ～ 12 月，果期在 9 ～ 10 月。

园艺栽培上常用大丽花栽培品种的花型主要有单瓣型、环领型（领饰型）、复瓣型、圆球型、绣球型（蜂窝型）、装饰型、睡莲型（半重瓣型、牡丹型）、仙人掌型（蟹爪型）、菊花型（折瓣仙人掌型）、毛毡型（毛章型、裂瓣仙人掌型）、半仙人掌型（星星型）和白头翁型。

大丽花

大丽花性喜冷凉和通风良好，在气候凉爽、昼夜温差大的地区生长开花尤佳。喜光，但阳光过强不利于开花，过弱则花色浅而不艳，花朵变小。大丽花既不耐寒又畏酷暑，以 10 ～ 30℃ 为适温。大丽花不耐旱、涝，在年降水量 500 ～ 800 毫米的地区栽培较好。大丽花栽培要求疏松、排水良好的肥沃的砂质壤土。

大丽花最常用的繁殖方法为分株繁殖法，也可采用扦插繁殖法、播种繁殖法。大丽花露地栽培一般于晚霜后进行，盆栽宜选用矮生优良品种的扦插苗。

大丽花花色娇艳，花期甚长，且适应性强，易于栽培，故成为世界名花。大丽花可用于布置花坛、花境或盆栽，也可作为切花。

满天星

满天星是石竹科丝石竹属多年生草本植物。原产于欧洲中部和东

欧、亚洲中部和西部。满

天星生于草原上干燥、砂

质和石质石灰岩土质上。

满天星株高可达 1.2

米。茎细，分枝很多。叶

对生，窄而长，无叶柄，

叶色粉绿。圆锥状聚伞花

满天星

序多分枝，花小而多，花梗纤细，花白色至淡粉红色。满天星蒴果球形。

种子细小，圆形，直径约 1 毫米。花期在 6 ～ 8 月。

满天星单瓣、重瓣品种均有，常见品种有仙女、完美、钻石、火

烈鸟等。满天星喜日照充足、温暖湿润的环境，较耐阴、耐寒，在排水

良好、肥沃和疏松的壤土中生长最好。满天星栽培土质以微碱性的石灰

质壤土为佳。灌水量不宜过多，适当干旱有利于开花。生长适宜温度为

10 ～ 25℃。满天星花后及时修剪可促进开花。常用播种和扦插法繁殖

满天星。

满天星花小而多，星星点点尤其适合作为花束的配材，在大花之间

填空，增加层次感，提供有效的背景，也适宜在花坛、路缘、花篱栽植，

还可用于盆栽观赏和盆景制作。满天星还可入药，具有清热利尿、化痰

止咳等功效。

仙客来

仙客来是报春花科仙客来属多年生草本植物。仙客来原产于南欧及地中海一带，世界各地广泛栽培。

仙客来肉质球茎扁圆形，根散生在球茎下方。叶着生于球茎顶端的中心部，叶基生，莲座状，叶片心形，肉质，有褐红色柄，表面深绿色，有不同的花纹，背面紫红色，边缘全缘或有细齿或波状。

仙客来

仙客来花单生，花瓣蕾期先端下垂，开花时上翻，形似兔耳，有紫红、玫红、绯红、淡红、雪青及白色等，基部常有深红色斑；花瓣边缘有全缘、缺刻、波状或皱褶之分。仙客来花期从每年 10 月到翌年 4 月。仙客来园艺栽培种经杂交育成，品种繁多，除颜色外还有大花型、中花型、小花型，以及皱瓣型和平瓣型等。

仙客来喜凉爽、湿润及阳光充足的环境。仙客来生长和花芽分化的适温为 15 ～ 20℃，冬季室温低于 10℃ 时花易凋谢，花色暗淡；夏季气温达到 30℃ 时植株进入休眠状态，35℃ 以上植株易腐烂、死亡。仙客来为中日照植物。仙客来宜在疏松肥沃、排水良好、富含腐殖质的微酸性砂质壤土中种植。仙客来以播种繁殖为主，一般在 9 ～ 10 月播种。

仙客来花色艳丽，花形别致，烂漫多姿，有的品种有香气，观赏价值很高，是冬、春季节的优良盆花，也是世界盆花生产中的主要种类。仙客来花期长达 6 个月，适逢圣诞节、元旦、春节等传统节日，市场需求量大。

风信子

风信子是风信子科风信子属植物。又称洋水仙、西洋水仙、五色水仙。

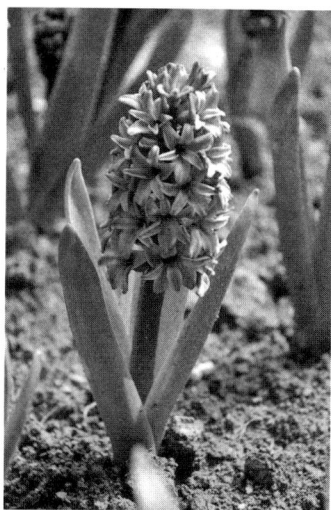

风信子原产于地中海沿岸及小亚细亚一带，后传入荷兰。全世界风信子的园艺品种有 2000 个以上，可分为荷兰种和罗马种两类。荷兰种绝大多数每株只生长 1 支花葶，体势粗壮，花朵较大；而罗马种多数每株能着生 2 ～ 3 支花葶，体势幼弱，花朵较细。根据其花色，可分为蓝色、粉红色、白色、鹅黄色、紫色、黄色、绯红色、红色等 8 个品系。

荷兰种风信子

风信子为多年草本生球根类植物。鳞茎球形或扁球形，有膜质外皮，外被皮膜呈紫蓝色或白色等，皮膜颜色与花色成正相关。风信子未开花时形如大蒜。风信子叶 4 ～ 9 枚，狭披针形或带状披针形，肉质，基生，肥厚，具浅纵沟，绿色有光。风信子花茎肉质；花葶高 15 ～ 45 厘米，中空，端部着生总状花序。风信子小花 10 ～ 20 朵密生上部，多横向生长，少有下垂，漏斗形；花被筒形，上部 4 裂；花冠漏斗状，基部花筒较长，裂片 5 枚，向外侧下方反卷。风信子原种为浅紫色，具芳香。风信子果实为蒴果。花期在早春，自然花期在 3 ～ 4 月。

紫罗兰

紫罗兰是十字花科紫罗兰属二年生或多年生草本植物。又称草桂花。紫罗兰原产于地中海沿岸。紫罗兰同属植物约 60 种。

紫罗兰茎直立，多分枝，高 30 ～ 60 厘米，全株具灰色星状柔毛。紫罗兰叶互生，长圆形至倒披针形，基部呈叶翼状，先端钝圆，全缘。紫罗兰总状花序，两侧萼片基垂囊状，花瓣 4 枚，具长爪，有紫红、淡红、淡黄、白色等，微香。紫罗兰长角果，种子具翅。紫罗兰可因栽培季节不同而有春、夏、秋、冬紫罗兰之分。

紫罗兰

紫罗兰喜冷凉的气候，忌燥热。喜通风良好的环境，冬季喜温和气候，但也能耐短暂的 -5℃ 低温。生长适温白天 15 ～ 18℃，夜间 10℃ 左右。紫罗兰对土壤要求不严，但在排水良好、中性偏碱的土壤中生长较好，忌过酸性土壤。紫罗兰适生于位置较高的地带，在梅雨天气炎热而通风不良时则易受病虫危害；施肥不宜过多，否则对开花不利；光照和通风如果不充分，易患病虫害。紫罗兰播种繁殖，常见栽培的还有夜香紫罗兰，花淡紫色，浓香，傍晚开放，次日闭合。

紫罗兰花朵茂盛，花色鲜艳，香气浓郁，花期长，为众多爱花者所喜爱，适宜作切花和盆栽观赏，也适宜布置花坛、台阶、花境。紫罗兰是欧洲名花。

含羞草

含羞草是豆科含羞草亚科含羞草属多年生灌木状草本植物。含羞草原产于美洲热带地区，广泛栽培于世界各地。

含羞草植株高可达 1 米。茎圆柱形，多分枝，有刚毛和皮刺。二回羽状复叶，总叶柄长 3 ～ 4 厘米，由 4 枚羽片组成掌状复叶，小叶 7 ～ 24 枚，长圆形，先端尖，边缘有纤毛，羽片和小叶被触动后闭合下垂，形似害羞，为有趣的观赏植物。含羞草头状花序腋生，花小，淡粉红色，花瓣 4 裂，钟状，雄蕊 4 且伸出花冠管外。含羞草萼漏斗状，小而不明显。含羞草荚果扁形 3 ～ 5 节，每节含 1 粒圆形种子。含羞草花期在 7 ～ 8 月，果期在 8 ～ 9 月。

含羞草适应性强，喜温暖气候，不耐寒。适宜在温暖湿润且肥沃的土壤中生长。多播种繁殖，早春播于苗床，幼苗生长缓慢，苗高 7 ～ 8 厘米时可定植于园地或上盆栽培。

含羞草

含羞草在植物教学上常作为实验材料。含羞草全草可供药用，有安神镇静的功能，鲜叶捣碎外敷治带状疱疹。

石　蒜

石蒜是石蒜科石蒜属多年生草本植物。又称红花石蒜、蟑螂花、老鸦蒜。石蒜原产于中国，分布于华中、西南、华南各省，日本也有分布。

石蒜

◆ 形态特征

石蒜鳞茎椭圆状球形，皮膜褐色，直径 2 ～ 4 厘米。叶基生，线形，晚秋叶自鳞茎抽出，至春枯萎。石蒜入秋抽出花茎，高 30 ～ 60 厘米，顶生伞形花序，着花 5 ～ 7 朵，鲜红色具白色边缘。花被 6 裂，瓣片狭倒披针形，边缘皱缩，反卷，花被片基部合生呈短管状，长 0.5 ～ 0.7 厘米，花径 6 ～ 7 厘米。石蒜雌雄蕊长，伸出花冠并与花冠同色。石蒜有白花变种白花石蒜。

◆ 主要种类

石蒜属在全世界的分布有 20 余种，中国有 15 种，主要种类包括忽地笑、夏水仙、中国石蒜、玫瑰石蒜、换锦花、香石蒜和乳白石蒜等。石蒜野生于山林及河岸坡地，喜温和阴湿环境，适应性强，具一定耐寒力，地下鳞茎可露地越冬，也耐高温多湿和强光干旱。石蒜不择土壤，但以土层深厚、

石蒜花葶

排水良好并富含腐殖质的壤土或砂质壤土为好。石蒜属植物依据生长习性可分为两大类：一类为秋季出叶，如石蒜、忽地笑、玫瑰石蒜等，8～9月开花，花后秋末冬初叶片伸出，在严寒地区冬季保持绿色，直到高温夏季来临时叶片枯黄进入休眠；另一类为春季发叶，如中国石蒜、夏水仙、香石蒜、乳白石蒜、换锦花等，春季出叶后初夏枯黄休眠，夏末初秋开花，花后鳞茎露地越冬，表现为夏季、冬季两次休眠。

◆ **繁殖与栽培**

石蒜以分球繁殖为主，也可播种。在春、秋两季用鳞茎繁殖，挖起鳞茎分栽即可。最好在叶片枯后、花葶未抽出之前分球，亦可于秋末花后未抽叶前进行。栽植深度为8～10厘米，一般每隔3～4年掘起分栽一次。暖地多秋栽，寒地春栽，栽植深度以将鳞茎顶部埋入土面为宜，过深则翌年不能开花。石蒜虽喜阴湿，但也耐强光和干旱，因此栽培简单，管理粗放。注意勿供水过多，以免鳞茎腐烂。花后及时剪除残花，9月下旬花葶凋萎前叶片萌发并迅速生长，应追施薄肥一次。石蒜抗性强，几乎没有病虫害。

◆ **用途**

石蒜是园林中不可多得的地被花卉，素有"中国的郁金香"之称，冬春叶色翠绿，夏秋红花怒放，可在城市绿地、林带下自然式片植、布置花境，或点缀草坪、庭院丛植，效果俱佳。石蒜对土壤要求不严，花叶共赏，花葶茁壮，且能反映季相变化，可作专类园，也可作切花，矮生种亦作盆花。

马蹄莲

马蹄莲是天南星科马蹄莲属多年生草本植物。原产于非洲南部河流旁和沼泽地。

马蹄莲具肥大的肉质块茎。叶基生，叶片戟形或箭形，基部钝三角状，先端锐尖，叶长 15 ～ 45 厘米，叶面鲜绿色，有光泽，全缘。叶柄长，可达 50 ～ 65 厘米，下部有鞘。马蹄莲总花梗与叶近等长，肉穗花序顶生，白色佛焰苞长 10 ～ 25 厘米，下部卷成短筒状，上部开张，先端长尖，反卷，状如马蹄，故名。马蹄莲在中国北方花期从每年 12 月

马蹄莲

至翌年 6 月，盛花期 2 ～ 4 月。果实为浆果。马蹄莲主要园艺品种为小马蹄莲，较低矮，多花。

马蹄莲性喜温暖湿润、冬季光照充足的环境。生长适温约 20℃，不耐寒，也不耐干旱。喜富含腐殖质、疏松肥沃的土壤。马蹄莲以分球繁殖为主，亦可播种繁殖。

马蹄莲叶片青翠，外形奇特，花朵洁白硕大，是世界著名的切花花卉。马蹄莲用于插花和制作花篮、花束、花圈、桌饰等，也用于盆栽观赏。

鸢　尾

鸢尾是鸢尾科鸢尾属植物的泛称。

全世界鸢尾原种约有 300 种，主要分布在北温带地区。中国有鸢尾

属植物 60 种、13 变种及 5 变型，以西南地区为主要分布中心。中国对鸢尾的栽培和应用均早于西方。中国药学古籍《神农本草经》《唐本草》《蜀本草》《本草图经》《本草纲目》等对鸢尾类药用价值、生长习性均有记载，主要是鸢尾、蝴蝶花和马蔺等几个广布种。

鸢尾

◆ 形态和种类

鸢尾普遍具有较高观赏价值。鸢尾花被片通常由 3 枚垂瓣和 3 枚旗瓣组成，花色极其丰富，有白色、粉色、黄色、橘色、深浅不一的蓝色、紫色甚至黑色或多种颜色组成的混合色。鸢尾叶片呈剑型或带状，平行叶脉，叶色有深绿色、浅绿色、黄绿色、灰绿色和花叶等。根据地下根茎是否膨大，鸢尾可分为球根鸢尾和根茎鸢尾两大类。大多数鸢尾在温带地区表现为冬季落叶，花期集中在春末夏初，而少数种类可常绿越冬。

根茎鸢尾的生长适应性较强。根据其对水分的适应性，鸢尾可分为水生、湿生和旱生三大类。其中，黄菖蒲、路易斯安娜鸢尾、花菖蒲和西伯利亚鸢尾是最常见的水湿生类鸢尾。德国鸢尾、香根鸢尾是典型的旱生种类，因其垂瓣上有髯毛附属物，称为有髯鸢尾，适宜种植于排水良好的砂质壤土。鸢尾属植物多具有阳性植物的特征，能耐一定程度的弱光，但不同种类对光照的需求不尽相同，例如蝴蝶花耐阴性较好，可作林下地被，而有髯鸢尾则相对喜光，在全光照条件下开花繁盛。水湿生类鸢尾如黄菖蒲、花菖蒲等往往具有净化水质的生态功能。马蔺、喜盐鸢尾、德国鸢尾和黄花鸢尾等具有不同程度的耐盐性。而分布于寒冷地区的落叶鸢尾如溪荪、玉蝉花、北陵鸢尾等，则具有较强的抗寒性。

◆ **繁殖**

鸢尾类繁殖通常以分株为主，在秋季或早春新根萌发前，将根状茎切割分栽即可；也可进行播种繁殖，春秋都可进行；球根鸢尾则以分球繁殖为主。

◆ **用途**

鸢尾属植物花型奇特、色彩丰富、生态类型多样，广泛应用于滨水绿地、水体驳岸、湿地公园等，可营造专类园，亦可片植于林下或配置岩石园、花境。球根鸢尾常用于切花。

萱 草

萱草是萱草亚科萱草属多年生草本单子叶植物。又称谖草、忘忧草、川草花等。

萱草英文名为"daylily"，即"一日之花"，指其单朵花仅开放一日即凋萎。萱草花在中国被誉为"母亲花"，食用种类称为金针或黄花菜，其花蕾可供观赏、食用及药用，具有很高的文化、观赏和经济价值。

中国自古栽培萱草，最早的记载见于2500年前《诗经》中"焉得谖草，言

萱草

树之背"，宋代《嘉祐本草》记载"萱草根凉，无毒，治沙淋，下水气"，《群芳谱》描述萱草花色"有黄、白、红、紫、麝香数种，然皆以黄色分深浅"。

萱草属植物有 15～18 种，主要分布在温带及亚热带的亚洲地区，多位于山区、草原栖息地和海崖。萱草在中国分布有 11 种，各省均有分布。

萱草叶线形，基生于短缩根状茎上呈二列排列。萱草短缩根状茎和肉质纺锤根是其主要的营养贮藏器官，在营养初期和秋苗期贮存营养。萱草花葶直立，为单歧聚伞花序或顶生聚伞花序；花近漏斗状，6～15 朵着生于短花梗上，花色多为橘红或橘黄，无香味或微香，苞片卵状披针形；花被片 6，雄蕊 6，在花冠基部连生，雌蕊 3 深裂。萱草群体花期集中于 5～8 月，单花花期 1 天。萱草蒴果钝三棱状椭圆形或倒卵形，室背开裂，每个果实内有种子 3～7 粒，种子黑色，果期集中于 6～9 月。萱草植株的分蘖能力较强，可在春、秋季进行分株繁殖。萱草兼有地被和观花效果，适应性强，管理成本低，适用于多种类型的园林绿化栽植。

千日红

千日红是苋科千日红属一年生直立草本植物。又称百日红、火球花。千日红原产于美洲热带地区，在中国各地均有栽培。

千日红高 20～60 厘米。茎有分枝，略成四棱形，有灰色糙毛，幼时更密，节部稍膨大。千日红叶片纸质，长椭圆形或矩圆状倒卵形，长 3.5～13 厘米，宽 1.5～5 厘米，顶端急尖、圆钝或凸尖，基部渐狭，边缘波状，两面有小斑点、白色长柔毛及缘毛。叶柄长1～1.5厘米，有灰色长柔毛。千日红花多数，密生，成顶生球形或矩圆形头状花序，单个或2～3个，直径2～2.5

千日红

厘米，常为紫红色，有时为淡紫色、白色或黄色等；总苞为2片绿色对生叶状苞片，卵形或心形，长1.0～1.5厘米，两面有灰色长柔毛；苞片卵形，长3～5毫米，白色，顶端紫红色；小苞片三角状披针形，长1.0～1.2厘米，紫红色，内面凹陷，顶端渐尖，背棱有细锯齿缘；花被片披针形，长5～6毫米，不展开，顶端渐尖，外面密生白色绵毛，花期后不变硬；雄蕊花丝连合成管状，顶端5浅裂，花药生在裂片内面，微伸出；花柱条形，比雄蕊管短，柱头2，叉状分枝。千日红胞果近球形，直径2～2.5毫米。千日红种子肾形，棕色，光亮。花果期在6～9月。

千日红头状花序经久不变，观赏价值高，除用于花坛及盆景外，还可作组合式盆栽、花篮等装饰品。千日红花序亦可入药，有止咳定喘、平肝明目的功效，主治支气管哮喘，急、慢性支气管炎，百日咳，肺结核咯血等症。

百日草

百日草是菊科百日菊属直立性一年生草本植物。又称步步高。百日草原产于墨西哥，在世界各地广泛栽培，有时逸为野生。百日草品种繁

多，可达数百种，园林中常用的是通过杂
交培育出的品种。

◆ **形态特征**

百日草茎直立，高 30～120 厘米，被
糙毛或长硬毛；叶宽卵圆形或长圆状椭圆
形，两面粗糙，下面被密短糙毛，基出 3 脉，
单叶对生，无叶柄，基部抱茎；头状花序
单生枝端，舌状花多轮，倒卵形，深红色、

百日草

玫瑰色、紫堇色或白色，舌片倒卵圆形，先端 2～3 齿裂或全缘，上面
被短毛，下面被长柔毛。管状花黄色或橙色，先端裂片卵状披针形；花
朵直径 4～15 厘米；雌花瘦果倒卵圆形，管状花瘦果倒卵状楔形。百
日草花期在 6～9 月，果期在 7～10 月。

百日草花型丰富多变，有单瓣、重瓣、卷瓣、皱瓣等；花色从白色
和奶油色到粉红色、红色和紫色，再到绿色、黄色、杏色、橙色、鲑鱼
色和青铜色，也有条纹、斑点和双色品种。在植株高度方面，已培育出
低于 15 厘米的矮化品种用于盆栽，同时亦有适宜作为切花的高秆品种。

◆ **栽培与管理**

百日草易栽培，喜排水良好、肥沃的土壤和充足的阳光。百日草在
干燥温暖（15～30℃）、无霜冻的地区生长良好，很多品种较耐旱，
因此在中国北方地区更为适宜。百日草不耐寒，温带地区需要在霜冻后
进行播种。

百日草播种前，土壤和种子要经过严格的消毒处理，以防生长期出

现病虫害。基质用腐叶土 2 份、河沙 1 份、泥炭 2 份、珍珠岩 2 份混合配制而成。定植时盆底施入 2 ～ 3 克复合肥，定植后用 800 倍液敌克松灌根消毒，待根系生长至盆底即可开始追肥，每周施肥 2 ～ 3 次。定植 1 周后开始摘心，摘心后可喷 1 次杀菌剂并施 1 次重肥。百日草常见病害有白星病、黑斑病、花叶病等，虫害有蚜虫、红蜘蛛等。

◆ 用途

百日草是著名观赏植物，夏季开花且可开至初秋，花朵陆续开放，长期保持鲜艳的色彩，象征友谊天长地久。百日草第一朵花开在顶端，然后侧枝顶端开花比第一朵更高，因此又得名"步步高"。株形美观，花大色艳，开花早且花期长，可按高矮分别用于花坛、花境、花带，矮型品种用于盆栽。

兰 花

兰花是兰科兰属附生或地生草本植物的习称。

兰科是被子植物种数最多的科之一。全世界野生兰科植物有 800 多属、近 3 万种，中国野生兰科植物有 173 属、1240 多种，其中 1/4 可供观赏，如蝴蝶兰属、石斛兰属、兜兰属、杓兰属和独蒜兰属等。兰属全世界有 50 ～ 60 种，主要分布于亚洲热带和亚热带地区，少数种类也见于澳大利亚。中国有 31 种，是兰属植物分布中心之一。

◆ 形态特征

兰花叶数枚至多枚，通常生于假鳞茎基部或下部节上，二列，带状或罕有倒披针形至狭椭圆形，基部一般有宽阔的鞘并围抱假鳞茎，有关节。兰花总状花序具数花或多花，颜色有白、纯白、白绿、黄绿、淡黄、淡黄褐、黄、红、青、紫等色。

◆ **类型**

兰花按生活习性可分为地生兰、附生兰和腐生兰，按产地可分为国兰和洋兰。

国兰

墨兰

中国传统名花中的兰花主要指兰属植物中的地生兰种类，即国兰，包括春兰、蕙兰、建兰、墨兰、寒兰、莲瓣兰和春剑等，在中国栽培历史悠久。国兰均为多年生草本，一般具有粗厚的肉质根，茎通常较短，不同程度地膨大成肉质的假鳞茎，以贮藏水分与养分。兰属植物的叶片多为带形或线形。国兰的花葶又称为"花箭"，侧生，直立或近直立，总状花序具数花或数十花。兰属植物的花和兰科其他种类大同小异，野生由1片中萼片、2片侧萼片、2片花瓣和1片唇瓣组成，古籍中把中萼片称为"主瓣"，侧萼片称为"副瓣"，花瓣称为"捧心"，唇瓣称为"舌"，蕊柱称为"鼻头"。国兰品种繁多，花型独特，多具奇香，花叶均可欣赏，常作盆花栽培。

洋兰

民间所说的"洋兰"多指产于热带的兰花种类，又称热带兰，多为附生，包括蝴蝶兰、万代兰、文心兰、卡特兰、兜兰和石斛兰等。与国兰相比，洋兰花大，颜色鲜艳，少有香味。

◆ **栽培和繁殖**

兰花喜阴，怕阳光直射；喜湿润，忌干燥；喜肥沃、富含腐殖质的基质。养兰八字要诀：通风、排水、湿润、温暖，不同种类对光照、温度、湿度和通风的要求并不完全相同。兰花可通过分株、播种、组织培养等进行繁殖。兰花主要病虫害有炭疽病、叶斑病等。

兰花是高洁典雅的象征，与梅、竹、菊并称"四君子"。兰花是中国十大名花之一。古人将兰花誉为"国香""香祖"，常以"兰章"喻诗文之美，以"兰交"喻友谊之真。兰花是中国保定、龙岩、宜兰、贵阳、保山等城市的市花。

蝴蝶兰

蝴蝶兰是兰科蝴蝶兰属附生性兰花。

蝴蝶兰原产于亚热带雨林地区，该属 60 余种，其分布范围由北从印度和中国西南地区向南延伸到整个热带的亚洲、澳大利亚、巴布亚新几内亚和太平洋一些岛屿，分布中心在东南亚各国，中国分布 14 种。英国皇家园艺学会（Royal Horticultural Society; RHS）国际登录的蝴蝶兰杂交种数达 3 万多个。市场上流通的蝴蝶兰商品品种有上千个，每年都有新品种推出，包括属内品种和异属杂交品种，有白、红、黄色系及斑点花系和条纹花系，均为经多年数代杂交培育的优良品系。

蝴蝶兰茎很短，常被叶鞘所包。蝴蝶兰叶片稍肉质，常 3 ～ 4 枚或更多。蝴蝶兰花序轴1个或更多，常具数朵由基部向顶端逐朵开放的花。

蝴蝶兰

蝴蝶兰性喜高温、多湿、散射光、通风良好的环境，忌闷热和强光的环境。蝴蝶兰原生种多数春季开花，少数夏、秋开花，商业品种通过花期调控可常年开花。但由于蝴蝶兰属单轴型兰花，一年之中只有一个生长点，所以难以通过分株来繁殖，在自然条件下实施播种繁殖也很困难。20世纪80年代以来，蝴蝶兰可通过组织培养等生物技术进行大量繁殖，使得蝴蝶兰工厂化生产成为可能，短期内可培育大量性状一致的品种供应市场。

蝴蝶兰花型奇特、色彩艳丽，花期长，是高档盆花和切花，在年宵花市场上占据主导地位。蝴蝶兰主要作为切花和盆花销售，在兰花商品市场上占有相当大的比例。

多肉植物

多肉植物是具有肥厚多汁的肉质茎、叶或根的植物。又称多浆植物。

多肉植物多分布在非洲、美洲，少数分布于其他各大洲的一些地区。多肉植物在非洲主要集中在南非和纳米比亚、加那利群岛和马德拉群岛，以及马达加斯加岛和东非的索马里、埃塞俄比亚等。美洲大陆不仅是仙人掌类的故乡，也是许多重要多肉植物的原产地。在中国有广泛栽培。根据生长期不同，多肉植物可以分为喜好稳定暖和气候的春秋型、喜好高温的夏型及喜好寒冷气候的冬型 3 种类型。根据贮水组织在植株中的不同部位，多肉植物可以分为叶多肉植物、茎多肉植物和茎干类多肉植物 3 种类型。

多肉植物有 1 万余种，分属 50 多科，主要集中在仙人掌科、番杏科、景天科、大戟科、萝藦科、百合科、龙舌兰科、马齿苋科等。多肉植物有一些共同的特征，即叶有共同的旱生结构——叶肥厚、表皮角质，或被蜡、毛、白粉等。多肉植物有鲜明的生长期和休眠期（雨季 5～9 月生长，旱季每年 10 月至翌年 4 月休眠）。多肉植物适应性强，尤耐干燥环境。多肉植物形态奇特，易于繁殖，很多种类可在春季分株繁殖，扦插也极易生根，多数种类也可用播种繁殖。多肉植物栽培宜用排水良好的砂质土。

多肉植物有多种用途，有的肉质茎可作饲料，有的也可作蔬菜或制作蜜饯，有的果实可供鲜食，有的种类可入药，有的可用于制作日化用品。除此之外，多肉植物还可用于植物专类园景观营造，其种类繁多，形态奇特，在园林造景上能够展示出浓郁的异国情调，营造出优美的园林艺术效果。既可以地栽，如以金琥、瓶干树、象腿树等作为主景框架，同时搭配植株低矮、株形各异的类群辅助主景，丰富植物景观；又可以景箱栽培或盆栽，用于室内装饰。常见的多肉植物有虎刺梅、雷神、金手指、昙花、蟹爪兰、碰碰香、金琥、令箭荷花、玉扇等。

本书编著者名单

编著者（按姓氏笔画排列）

于晓南　　王 雁　　王亚玲　　王连春

乌云塔娜　邓云飞　　石 雷

冉进华　　包满珠　　吕英民　　任 毅

刘 勐　　刘玉壶　　刘全儒　　许晓岗

孙美玉　　李丹青　　李雪霞　　李淑娴

杨曾奖　　杨德军　　肖兴翠　　肖建忠

吴沙沙　　吴初平　　吴福川　　汪小飞

张 栋　　张志翔　　张启翔　　张建强

陈龙清　　陈业渊　　陈发棣　　罗 乐

周浙昆　　房伟民　　赵宏波　　赵凯歌

饶广远　　贾瑞冬　　夏宜平　　顾红雅

高爱平　　郭信强　　郭起荣　　唐 亚

彭方仁　　葛 红　　傅小鹏　　傅承新

鲁周民　　曾黎辉　　蔡邦平